Microsoft 2016

PowerPoint

使用手冊

The simple,
efficient and effective
way to learn Microsoft PowerPoint

感謝您購買旗標書,
記得到旗標網站
www.flag.com.tw
更多的加值內容等著您…

<請下載 QR Code App 來掃描>

1. 建議您訂閱「旗標電子報」:精選書摘、實用電腦知識
   搶鮮讀;第一手新書資訊、優惠情報自動報到。

2. 「更正下載」專區:提供書籍的補充資料下載服務,以及
   最新的勘誤資訊。

3. 「網路購書」專區:您不用出門就可選購旗標書!

   買書也可以擁有售後服務,您不用道聽塗說,可以直接
   和我們連絡喔!

   我們所提供的售後服務範圍僅限於書籍本身或內容表達
   不清楚的地方,至於軟硬體的問題,請直接連絡廠商。

● 如您對本書內容有不明瞭或建議改進之處,請連上旗標網
  站,點選首頁的 讀者服務 ,然後再按右側 讀者留言版 ,依
  格式留言,我們得到您的資料後,將由專家為您解答。註
  明書名 (或書號) 及頁次的讀者,我們將優先為您解答。

  學生團體 訂購專線:(02)2396-3257 轉 362
           傳真專線:(02)2321-1205

  經銷商   服務專線:(02)2396-3257 轉 331
           將派專人拜訪
           傳真專線:(02)2321-2545

國家圖書館出版品預行編目資料

Microsoft PowerPoint 2016 使用手冊 / 施威銘研究室 作.
-- 臺北市:旗標,西元 2016.03 面; 公分

ISBN 978-986-312-318-7 (平裝附光碟)

1. PowerPoint 2016 (電腦程式)

312.49P65   104028303

作   者/施威銘研究室
發 行 所/旗標科技股份有限公司
         台北市杭州南路一段15-1號19樓
電   話/(02)2396-3257(代表號)
傳   真/(02)2321-2545
劃撥帳號/1332727-9
帳   戶/旗標科技股份有限公司
監   督/楊中雄
執行企劃/林佳怡
執行編輯/林佳怡
美術編輯/薛榮貴
封面設計/古鴻杰
校   對/林佳怡

新台幣售價:420 元
西元 2022 年 2 月初版 6 刷
行政院新聞局核准登記-局版台業字第 4512 號
ISBN 978-986-312-318-7
版權所有‧翻印必究

辦公軟體 學習地圖

學習簡報製作

Microsoft PowerPoint 2016 使用手冊

教您製作圖文並茂, 具聲光效果的簡報, 打造場場成功、受人矚目的簡報

學習更多簡報技能

讓人說 YES! 企劃書・提案・報告－商用範例隨選即用 PowerPoint

企劃、提案、報告應該要掌握重點、善用圖解、讓人一看就懂, 寫出老闆、主管、客戶要看的東西。

創意總監教你做簡報: 用 PowerPoint 打動人心的 31 個視覺法則

提案常常過不了嗎?閃開!讓專業的來!讓達人告訴你善用 PowerPoint 抓住觀眾、提案成功的秘訣。

學習更多 Excel 高招密技

Excel 效率 UP! 函數應用

善用函數就不必埋頭做苦工!依照目的速查, 最快、又有效!

上班族一定要會的 Excel 技巧－不必問前輩・效率馬上 UP!

以上班族最常遇到的資料處理工作為目標, 介紹提高效率的技巧, 替代手工耗費時間的做法

三步驟搞定! 最強 Excel 資料整理術

時間不該浪費在「複製、貼上」的枯燥作業上, 幫你解決更改表格時所遇到的困難及麻煩, 不需撰寫巨集程式就能用最快的方法完成。

整套學習 Office

Microsoft Office 2016 非常 Easy

一次帶你學會 Word、Excel 及 PowerPoint 三大套軟體功能, 無論是製作圖文並茂的報告、繪製專業圖表、上台簡報, 全都能輕鬆搞定

序 Preface

簡報可以傳達個人想法、展現研究成果、發表產品特色，無論是學生或是社會人，都有機會接觸簡報，然而過於簡陋、缺乏變化的簡報，早已不符合觀眾的期望，尤其在注重聲光效果、特效變化的現在。

Microsoft PowerPoint 就是一套功能齊全的簡報編輯和放映軟體，具有完整的文字編輯功能，豐富的佈景主題，精彩的圖片、影片編輯，還能加入動畫和音效，播放時的特效更是變化無窮。

本書完整介紹了 PowerPoint 的各項編輯技巧，以實際範例說明功能的應用時機，讓你不僅學會怎麼用，還能知道什麼時候用；做好的精彩簡報，如果到了簡報現場沒辦法播也是白費力氣，因此現場的設備連接、放映技巧，我們也設想到了，在本書的第 16 章介紹了單槍投影機與筆電的設備連接步驟，還可以讓筆電顯示備忘稿，但不顯示在投影布幕哦！簡報前的準備、臨場的簡報技巧，更是不能忽視，電子書特別為您整理了簡報準備流程、減緩緊張的方法、適當的服裝參考，並提供簡報時注意事項，幫助你完成場場成功的簡報。

超值的不只如此，本書光碟內附多組簡報佈景主題，在製作簡報時，你除了可以套用 PowerPoint 內建的佈景主題、上網下載 Office.com 網站的佈景主題，還比別人多了書附光碟中的 84 組佈景主題可選擇，只要懂得運用 PowerPoint 的簡報功能，再搭配臨場的簡報技巧，想要做出令人驚豔、整場沒有瞌睡蟲的簡報，你也辦得到！

施威銘研究室
2016.02

關於光碟 About CD

　　本書光碟收錄了書中所用到的範例檔案, 以及 84 個精美投影片佈景主題, 方便您一邊閱讀、一邊操作練習, 讓學習更有效率。使用本書光碟時, 請先將光碟放入光碟機中, 稍待一會兒會出現**自動播放**交談窗, 按下**開啟資料夾以檢視檔案**項目就會看到如下畫面:

　　點選**範例檔案**資料夾即可瀏覽各章範例檔案; 點選**佈景主題**資料夾就會看到 84 個精美的投影片佈景主題, 點選**電子書**資料夾, 可看到 3 份 PDF 電子書, 只要安裝 Adobe Acrobat Reader 即可瀏覽電子書的內容。建議您將範例檔案及 PowerPoint 佈景主題複製一份到硬碟中, 以方便對照書本內容開啟使用。

目錄 Contents

PART 01　快速入門

Chapter 1　踏入 PowerPoint 的世界

Chapter 2　快速完成一份簡報

PART 02　打造一份精彩的簡報

Chapter 3　輸入及編輯簡報文字

Chapter 4　善用「大綱」窗格調整簡報大綱

目錄 Contents

PART 03 在簡報中插入圖表與多媒體

Chapter 8 使用表格歸納簡報中的資料

Chapter 9 插入圖片與快取圖案強化投影片內容

目錄 Contents

PART 04　簡報放映、輸出技巧

Chapter 14　編輯簡報整體架構及建立簡報章節

Chapter 15　加入簡報放映特效

目錄 Contents

Chapter 18 簡報的轉存與設定保護密碼

Chapter 19 在雲端免費使用 PowerPoint Online 編輯、放映簡報

目錄 Contents

附錄

APPENDIX A　自訂習慣使用的功能頁次及按鈕

電子書

Ebook 1　製作多國語言簡報

利用「自動校正」功能轉換輸入格式 ‧ 拼字檢查

安裝日文輸入法 ‧ 認識日文輸入法的語言列 ‧ 日文輸入練習 ‧ 漢字的轉換

在工作窗格進行翻譯、查詢同義字 ‧ 指標移到哪裡就翻譯到哪裡

Ebook 2　如何做好專業簡報

簡報的設計與規劃 ‧ 一、規劃階段 ‧ 二、準備簡報階段 ‧ 三、正式簡報階段

服裝儀容 ‧ 如何克服上台恐懼 ‧ 善用肢體語言 ‧ 簡報講述技巧

Ebook 3　簡報佈景主題綜覽

踏入 PowerPoint 的世界

上台簡報時最好能將要報告的內容做成投影片，以利聽眾參考，豐富的內容也更能引起大家的興趣。PowerPoint 就是一套專門用來製作簡報投影片的軟體，不僅文字編輯功能完整、動畫效果多，還可以加入相片、圖表、影片等內容，透過它可以讓你的簡報更精彩生動。

- 簡報的製作流程與架構
- 啟動 PowerPoint 認識工作環境
- 開啟既有的簡報檔案
- 簡報的檢視模式與使用時機
- 切換與排列簡報檔案
- 調整簡報的顯示比例
- 關閉簡報檔案

1-1 簡報的製作流程與架構

要完成一場成功的簡報, 最重要的是事前規劃及反覆練習, 正式上台時, 才能有最精湛的表現。在著手製作簡報投影片前, 我們先帶您來了解簡報的製作流程與架構, 具備基本的概念後, 實際建立時也會更得心應手。

簡報的製作流程

簡報的整個製作流程, 包括前期規劃、投影片製作, 以及練習簡報等, 請參考如右的流程圖：

1 確定簡報主題

2 蒐集相關資料

3 擬定簡報大綱

4 製作簡報投影片

5 排演及調整簡報的內容

6 正式上台發表

簡報檔案的架構

了解簡報的製作流程後, 再來認識一下簡報檔案的架構, 你可以將 PowerPoint 的簡報檔案, 想像成活頁夾與活頁紙的組合：

將簡報檔案想像成是活頁夾

裡面的投影片就是一頁頁的活頁紙

在 PowerPoint 建立簡報的動作, 就如同準備一本空的活頁夾, 可是空的活頁夾還必須插入活頁紙才能寫入資料, 插入投影片就是插入活頁紙的動作了。

踏入 PowerPoint 的世界　1

PowerPoint 投影片的構成要素

　　在製作簡報時，要把握簡單扼要的原則，最基本的方法就是將簡報的內容濃縮成條列項目，或是以簡短的文字來介紹，必要時再輔以圖片、統計圖表來強化，千萬不可把所有要報告的內容全部搬上投影片，這樣不但觀眾不易吸收，在報告時也會變成照著投影片唸稿，整場簡報的氣氛容易變得枯燥、乏味。

若在投影片中搭配音樂或插入影片，還可以讓投影片更豐富、更具親和力。這些方法我們都將在本書中介紹給您。

1-3

1-2 啟動 PowerPoint 認識工作環境

PowerPoint 是一套操作容易的簡報製作及放映軟體, 提供多種檢視模式及豐富的視覺效果, 可幫助您有效率地建立與編輯簡報。這一節我們先啟動 PowerPoint, 並對工作環境做初步的認識。

啟動 PowerPoint

若您使用的系統是 Windows 7 或 Windows 10, 請執行『**開始/所有程式/PowerPoint 2016**』命令; 若是使用 Windows 8, 請按下**開始畫面**的 ⊞ 圖示。無論執行以上哪一項操作, 都會看到如下的畫面, 之後在 PowerPoint 2016 的操作也都相同:

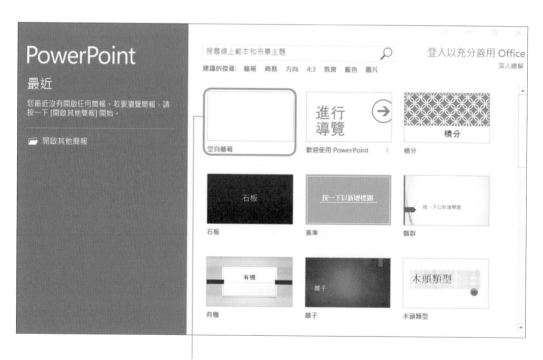

請按下此圖示開啟空白簡報檔案, 我們
先來瀏覽 PowerPoint 2016 的操作環境

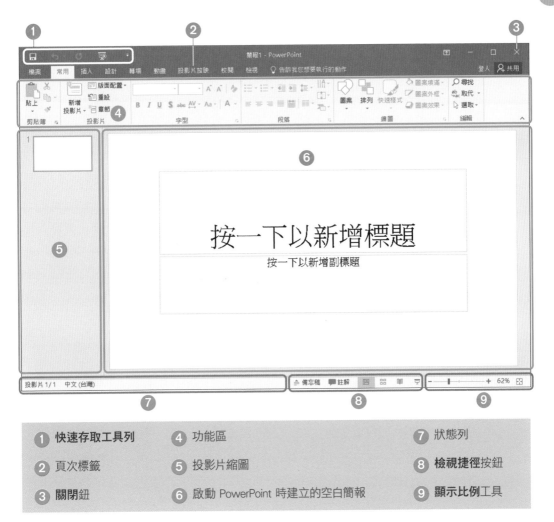

① 快速存取工具列	④ 功能區	⑦ 狀態列
② 頁次標籤	⑤ 投影片縮圖	⑧ 檢視捷徑按鈕
③ 關閉鈕	⑥ 啟動 PowerPoint 時建立的空白簡報	⑨ 顯示比例工具

　　除了用上述方法來啟動 PowerPoint, 在 Windows 桌面或資料夾視窗中雙按 PowerPoint 簡報的檔案名稱或圖示, 也可以直接開啟該簡報檔案。

　　接下來我們要開始帶您認識 PowerPoint 的工作環境。

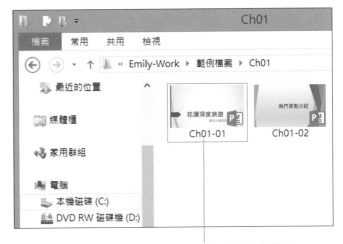

雙按簡報檔也可以直接開啟該簡報檔案

頁次標籤與功能區的操作

PowerPoint 將所有的功能分門別類為 9 個頁次，包括**檔案**、**常用**、**插入**、**設計**、**轉場**、**動畫**、**投影片放映**、**校閱**及**檢視**，各頁次收錄了相關的功能群組按鈕，方便使用者切換、選用。

例如**常用**頁次放的是編輯文字的功能，像是**字型**、**對齊方式**等設定，只要切換到此頁次即可進行變更。而放置工具鈕的面板稱為**功能區**，開啟 PowerPoint 時預設會顯示**常用**頁次的功能區，當您按下其它頁次標籤，便會改顯示該頁次所包含的工具按鈕。

1 在頁次標籤上按一下可切換到該頁次，例如按下**插入**

依功能還會區隔成數個區塊，例如此處為**投影片**區

已切換到**插入**頁次

2 再按一下即可切換回**常用**頁次

當我們要進行某一項工作時, 就先點選頁次標籤, 再從中選擇所需的工具鈕。例如我們想在投影片中插入一張圖片, 便可按下**插入**頁次, 再按下**圖像**區中的**圖片**鈕:

1 切換到此頁次

2 按下此鈕插入圖片

 為幫助您學習, 本書在說明操作時, 統一以「切換至 AA 頁次, 按下 BB 區的 CC 鈕」來表示, 其中 AA 表示頁次名稱、BB 是按鈕所在的區域、CC 則是按鈕名稱。例如上述要插入圖片的動作, 會簡化為「請切換至**插入**頁次, 按下**圖像**區的**圖片**鈕」。

螢幕尺寸、字型大小都會影響功能區的顯示方式

如果您使用的螢幕尺寸較小、將視窗縮小, 或是將 Windows 的系統字型設定為**中**或**大**, 功能區有可能因為無法容納所有的按鈕及名稱, 而將部份按鈕縮小, 或改以省略按鈕名稱的方式顯示, 以便放入所有的工具按鈕, 因此您看到的畫面可能會與本書的畫面略有差異。

▲ 當螢幕尺寸可容納所有按鈕及名稱時, 按鈕和名稱會同時顯示

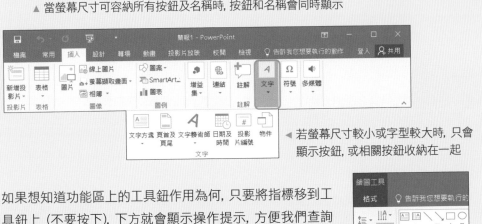

◀ 若螢幕尺寸較小或字型較大時, 只會顯示按鈕, 或相關按鈕收納在一起

如果想知道功能區上的工具鈕作用為何, 只要將指標移到工具鈕上 (不要按下), 下方就會顯示操作提示, 方便我們查詢工具鈕的功能。指標移開工具鈕, 操作提示就會自動消失。

操作提示

特殊的「檔案」頁次

在所有的頁次標籤中，**檔案**頁次掌管了簡報的建立、儲存、列印等工作，可說是 PowerPoint 的簡報總管，當你按下**檔案**頁次標籤時，會開啟**檔案**頁次，點按左側的各項功能項目，即可開啟專屬的設定頁面。

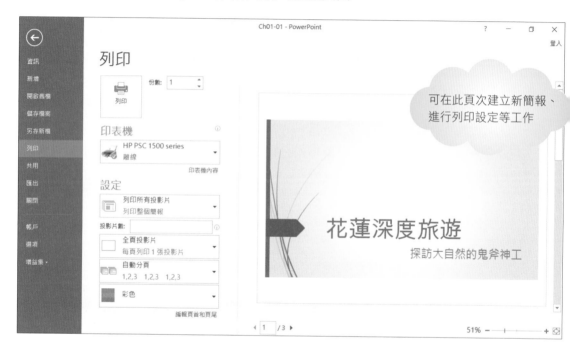

可在此頁次建立新簡報、進行列印設定等工作

欲回到之前的編輯模式，請按下左上角的 鈕，切換回編輯狀態。

隱藏「功能區」騰出更大編輯空間

如果覺得整個功能區太佔位置，讓投影片編輯範圍變得狹小，你可以按下功能區右下角的 ∧ 鈕，將功能區暫時隱藏起來。

按一下此鈕

隱藏功能
區的狀態

將功能區隱藏起來後，要再度使用功能區的按鈕時，只要將滑鼠移到任一頁次上按一下即可開啟；當按下按鈕或在其它地方按下左鈕時，功能區又會自動隱藏。要重新設定功能區的顯示狀態，請按下視窗右上角的　🔲　鈕。

按下此鈕可重新設定功能區的顯示狀態

完全隱藏功能區, 欲使
用功能區按鈕時, 可將
指標移至視窗最上方
再按下自動顯示的色
塊, 或按下右側的 ⋯
鈕, 即可顯示功能區

只顯示頁次名稱
(如上圖所示)

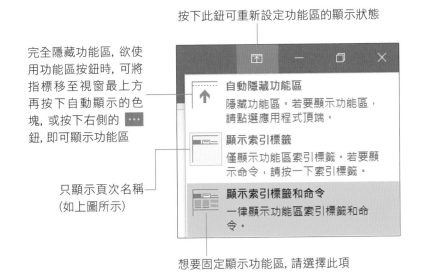

想要固定顯示功能區, 請選擇此項

從「快速存取工具列」執行常用命令

視窗左上角的工具列稱為**快速存取工具列**，可方便我們快速執行常用的工作，例如儲存檔案、復原等。

而**快速存取工具列**也保留了設定的彈性，如果想加入自己常用的工具鈕，請按下**快速存取工具列**右側的 ▾ 鈕，勾選要加入的項目，例如想將**新增**鈕加入其中：

1 按下此鈕展開工具列清單

2 選擇**新增**項目

項目前顯示打勾符號，表示已放入工具列中

加入**新增**鈕。日後建立新簡報就方便多了

若要移除**快速存取工具列**上的按鈕，請按下 ▾ 鈕，再次選取要移除的命令 (取消命令前的打勾符號)。

將自己常用的工具加入「快速存取工具列」

如果想加入的命令不在清單中, 可以按下 ⊟ 鈕執行『**其他命令**』, 開啟 **PowerPoint 選項**交談窗來設定:

2 按下此鈕

1 選取命令

3 設定完成請按下**確定**鈕

快速存取工具列除了放在編輯視窗的左上角, 還可以變更至功能區的下方, 請按下 ⊟ 鈕執行『**在功能區下方顯示**』命令:

請依使用習慣選擇工具列的位置

1-3 開啟既有的簡報檔案

認識 PowerPoint 的工作環境後, 現在我們將帶你開啟一份簡報檔, 繼續了解 PowerPoint 的各項操作。如果您尚未建立簡報也沒關係, 可利用本書光碟所附的範例檔案來練習。

由「檔案」頁次開啟既有的簡報檔案

要開啟既有的簡報檔案, 請先按下**檔案**頁次標籤開啟**檔案**頁次, 再如下操作:

2 按下**這部電腦**

開啟舊檔

1 按下**開啟舊檔**

- 資訊
- 新增
- 開啟舊檔
- 儲存檔案
- 另存新檔
- 列印
- 共用
- 匯出
- 關閉

- 最近
- OneDrive
- 這部電腦
- 新增位置
- 瀏覽

- 我的文件
- 自訂 Office 範本

3 按下**瀏覽**鈕

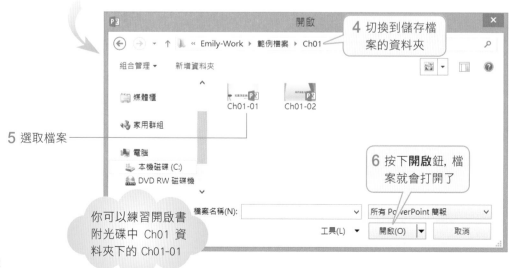

開啟

4 切換到儲存檔案的資料夾

« Emily-Work ▶ 範例檔案 ▶ Ch01

組合管理 ▼　新增資料夾

- 媒體櫃
- 家用群組
- 電腦
  - 本機磁碟 (C:)
  - DVD RW 磁碟機

Ch01-01　Ch01-02

5 選取檔案

6 按下**開啟**鈕, 檔案就會打開了

檔案名稱(N):　　　　　　　　　　　所有 PowerPoint 簡報

工具(L)　　　　開啟(O)　　取消

你可以練習開啟書附光碟中 Ch01 資料夾下的 Ch01-01

開啟最近編輯過的簡報檔案

　　有時簡報才編輯過，就是想不起來檔案名稱是什麼？存在哪個資料夾下？此時可以按下**檔案**頁次中**開啟舊檔**下的**最近**項目，列出最近編輯過的檔案清單，或許你要的檔案就列在其中：

選擇此項　　　　　最近編輯過的檔案清單

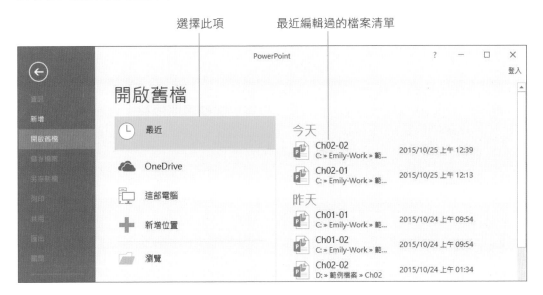

　　顯示在清單中的檔案，會隨著開啟的檔案依序替換。如果你希望將某個檔案固定顯示在最近的清單中，請按下檔案名稱右邊的 📌 鈕 (指標移至檔案名稱上才會出現)，使其呈 📍 狀，檔案將會被固定在清單中，並排列在最前面，也不會因為其它檔案的開啟而被替換。

再按一下可取消固定

1-4 簡報的檢視模式與使用時機

在 PowerPoint 中編輯簡報, 可因應各種情況選擇不同的檢視模式, 這一節就來說明各種檢視模式的特色及使用時機。我們以剛才開啟的範例檔案 Ch01-01 為例, 來介紹 PowerPoint 的簡報檢視模式, 您可以開啟檔案跟著切換看看。

切換簡報的檢視模式

PowerPoint 提供的檢視模式包括**標準模式**、**投影片瀏覽**、**閱讀檢視**、**備忘稿**及**投影片放映**, 可由狀態列上的按鈕來進行切換:

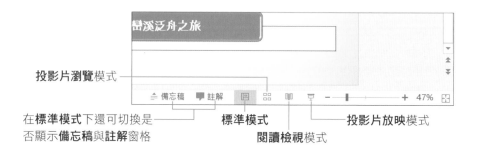

投影片瀏覽模式

在**標準模式**下還可切換是否顯示**備忘稿**與**註解**窗格　　　**標準模式**　　　　**投影片放映**模式
　　　　　　　　　　　　　　　　閱讀檢視模式

也可以切換到**檢視**頁次來變換模式:

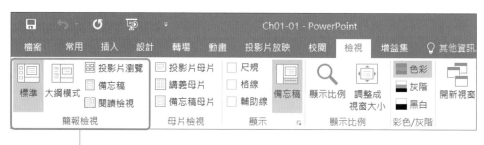

從這裡選擇檢視模式

在「標準模式」編輯投影片

編輯投影片時都是切換到**標準模式**來進行, 你可以用滑鼠拉曳窗格間的框線, 以調整各窗格所顯示的範圍大小。

在此拉曳可調　　**備忘稿**窗格可輸入講　　按下此鈕可在視窗右側顯示　　**註解**窗格可標註
整窗格大小　　稿內容或注意事項等　　**註解**窗格 (再按一下可關閉)　　對簡報的意見

在「投影片瀏覽」模式調整投影片順序

投影片瀏覽模式可將多張投影片同時顯示在視窗中，方便我們看到簡報的全貌，適合用來進行簡報整體性的修改，例如刪除/複製投影片、調整投影片順序，或是設定投影片放映效果等。

在「備忘稿」模式為簡報加註說明

　　備忘稿模式可檢視備忘稿內容，且每張備忘稿裡都會顯示一張投影片縮圖，以及輸入備忘資料的地方，你可以在其中輸入想加以說明的內容，以提醒自己補充說明。

切換到**檢視**頁次，再按下**備忘稿**鈕可切換至此模式

在此輸入備忘稿的內容

當你在用投影機播放簡報時，還可設定只有自己的螢幕看得到備忘稿的內容，而觀眾看到的投影布幕則不顯示備忘備。相關操作請參考第 16 章。

在「閱讀檢視」模式瀏覽投影片內容

　　切換到**閱讀檢視**模式時，會在視窗中播放簡報，右下角還會提供簡單的播放工具，方便我們切換上、下張投影片，例如要預覽簡報放到網路上，觀眾在視窗中瀏覽的面貌，就可以切換到此模式檢視：

　　提供播放工具可切換投影片　　可切換至其它檢視模式

切換到「投影片放映」模式播放簡報

　　投影片放映就是上台講述簡報的模式，投影片將會以全螢幕的方式一張接著一張地放映。在編輯投影片時，只要進入此模式，就會從目前的投影片開始放映；正式播放或想從頭開始預覽的話，可切換到第 1 張投影片，再按下 🖵 鈕開始播放。

放映的過程中，按一下滑鼠左鈕或滑動滑鼠滾輪、按下 Enter 鍵都可切換到下一張，也可以按下 Page Down 和 Page Up 鍵切換上、下張投影片；若按下 Esc 鍵則會結束放映，回到之前的檢視模式。簡報播完時，螢幕會顯示黑色畫面，按下任意鍵就可回到 PowerPoint 的編輯模式。

 想知道更多的簡報播放技巧，可參考 2-6 節及第 16 章的說明。

檢視模式的使用時機

看完簡報的各種檢視模式介紹，到底什麼時候該用哪種檢視模式呢？在此我們將使用時機整理成一份表格，供您參考：

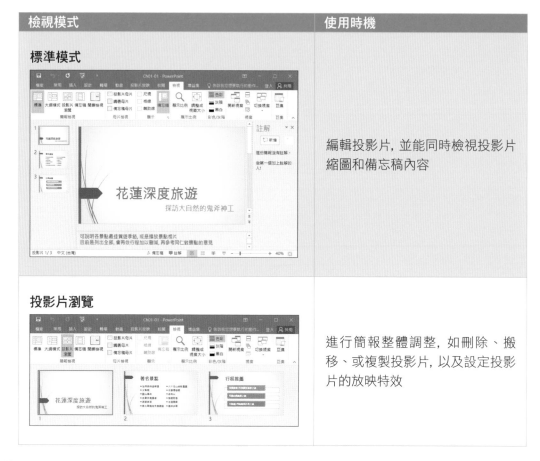

檢視模式	使用時機
標準模式	編輯投影片，並能同時檢視投影片縮圖和備忘稿內容
投影片瀏覽	進行簡報整體調整，如刪除、搬移、或複製投影片，以及設定投影片的放映特效

檢視模式	使用時機
備忘稿 	檢視及編輯單張投影片的備忘稿內容
閱讀檢視 	以視窗播放投影片, 並提供播放工具切換投影片
投影片放映 	預覽或正式播放簡報

1-5 切換與排列簡報檔案

有時候會需要參考其它簡報的資料來豐富內容；又或者是較大型的簡報, 需要多人分工製作後, 再將多個檔案合併成一個, 這些情況都需要同時開啟、切換多份簡報, 這一節就來學習關於多份簡報的操作技巧。

切換已開啟的簡報檔案

在 PowerPoint 中每個簡報檔案都有一個獨立的視窗, 開啟了多個檔案後, 可切換到**檢視**頁次來選擇簡報檔案視窗。例如我們先後開啟了範例檔案 Ch01-01、Ch01-02 兩個簡報檔, 按下**檢視**頁次**視窗**區的**切換視窗**鈕就會看到這 2 個檔案名稱：

點選簡報檔名, 即可切換到該視窗

此外, 每開啟一個簡報檔案, Windows 的工作列也會產生一個對應的工作鈕, 將指標移到工作鈕上, 還可看到簡報縮圖：

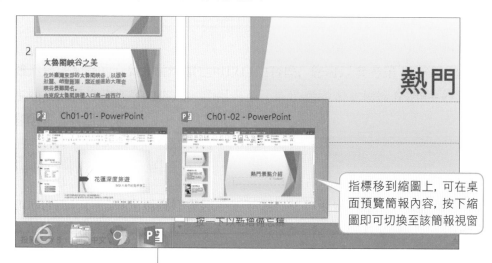

指標移到縮圖上, 可在桌面預覽簡報內容, 按下縮圖即可切換至該簡報視窗

將指標移到工作鈕上會顯示簡報縮圖

並排簡報檔案視窗方便比對

要合併兩個簡報檔案或是複製其中幾頁的內容，若將視窗並排，能讓工作進行地更順利。同樣以範例檔案 Ch01-01 及 Ch01-02 來說明，開啟兩個檔案後，請在任一檔案視窗切換至**檢視**頁次，並按下**並排顯示**鈕：

按下此鈕

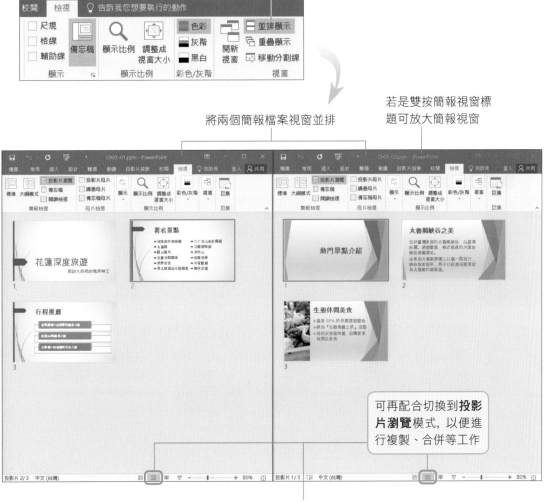

將兩個簡報檔案視窗並排

若是雙按簡報視窗標題可放大簡報視窗

可再配合切換到**投影片瀏覽**模式，以便進行複製、合併等工作

在簡報視窗中按一下，即可切換成工作視窗並進行編輯

1-6 調整簡報的顯示比例

我們可以隨時依編輯需要, 自行調整簡報的檢視比例, 例如要編輯投影片的文字內容時, 可將檢視比例放大, 以便輕鬆進行編輯文字的工作; 而當簡報的頁數較多時, 切換到「投影片瀏覽」模式再縮小比例, 就可以看到全部的投影片。

如果目前無法看到完整的投影片版面, 或是投影片看起來太小了, 都可以按下主視窗右下角的 ⊞ 鈕, 快速調整檢視比例。此鈕的作用是依目前的視窗大小, 自動調整投影片到可完整顯示內容的比例。

目前的檢視比例

請按下此鈕

如果狀態列上沒有出現**縮放滑桿**、**顯示比例**或 ⊞ 鈕, 請於狀態列上按右鈕, 在快顯功能表中勾選欲顯示的工具名稱。

而狀態列的縮放滑桿, 可讓你隨意放大或縮小投影片的比例, 按下 − 鈕會縮小比例, 每按一次就縮小 10%; 按下 + 鈕會放大比例, 每按一次就放大 10%。也可以拉曳滑桿來縮放, 若將滑桿往 − 方向拉曳會縮小; 往 + 方向拉曳會放大比例。

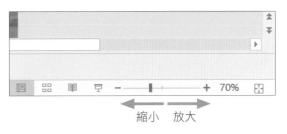

此外, 按下目前的縮放比例, 還會開啟**縮放**交談窗, 讓你直接選擇或輸入顯示比例:

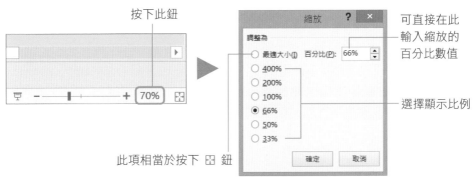

1-7 關閉簡報檔案

當簡報編輯到一個段落, 也完成儲存後, 就可以關閉檔案了。關閉檔案的方法很多, 本節將介紹最常用的 2 種方法, 你可以從中選擇習慣使用的方式。

關閉簡報檔案最快的方法, 就是按下視窗右上角的**關閉**鈕 ╳ , 或是切換到**檔案**頁次執行『**關閉**』命令:

方法 2:切換到**檔案**頁次執行『**關閉**』命令　　　　　**方法 1**:按下此鈕關閉檔案

　　由於每個簡報檔案都是一個獨立的視窗, 如果目前只開啟了一份簡報檔案, 關閉檔案後會連帶結束 PowerPoint;若還有其它簡報檔案, 那麼只是單純關閉簡報檔案而已。

提示存檔訊息

按下 ╳ 鈕後, 若沒有直接結束 PowerPoint, 而是出現如右的詢問交談窗, 表示您剛才曾在 PowerPoint 中做過輸入或編輯的動作, 所以才會詢問您是否要存檔:

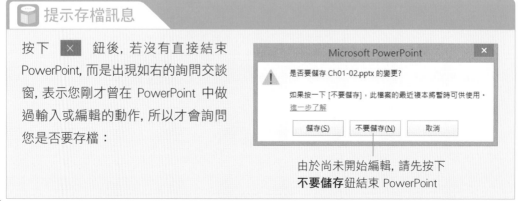

由於尚未開始編輯, 請先按下**不要儲存**鈕結束 PowerPoint

CHAPTER

2

快速完成一份簡報

本章要實地帶你製作一份簡報,包括如何在簡報檔中插入新投影片、建立投影片內容、並學會放映及列印簡報,讓你對簡報製作有一個整體性的概念。若你需要在短時間內作出簡報,可以參考本章的說明,快速完成一份簡報。

- 建立新簡報並輸入簡報標題

- 新增與刪除投影片

- 輸入投影片的標題和內容

- 套用佈景主題快速美化簡報

- 儲存簡報檔案

- 放映簡報

- 將簡報列印成書面講義

2-1 建立新簡報並輸入簡報標題

我們將透過一份空白簡報，來學習輸入文字、新增/刪除投影片、美化簡報…，直到列印等一連串的操作，這一節先從編輯標題投影片文字開始。

你可以在啟動 PowerPoint 後，點選**空白簡報**範本，建立一份空白簡報；若已經進入 PowerPoint 編輯環境，請切換到**檔案**頁次並點選**新增**項目，再按下**空白簡報**，皆可建立一份空白的簡報檔案，建立後再如下練習：

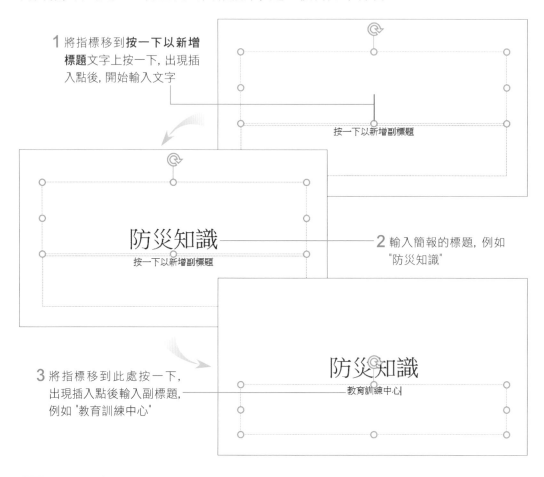

1 將指標移到**按一下以新增標題**文字上按一下，出現插入點後，開始輸入文字

按一下以新增副標題

防災知識

按一下以新增副標題

2 輸入簡報的標題，例如 "防災知識"

3 將指標移到此處按一下，出現插入點後輸入副標題，例如 "教育訓練中心"

防災知識

教育訓練中心

建立的新投影片版面設定為寬螢幕 (16：9)，方便我們直接用筆電等相同比例的設備來播放；如果播放設備的螢幕比例是 4：3，可在建立簡報後切換到**設計**頁次，按下**自訂**區的**投影片大小**鈕來設定。

2-2 新增與刪除投影片

PowerPoint 提供了許多投影片版面配置, 每種版面可輸入的資料種類與編排位置皆已安排妥當, 當你要新增投影片時, 可以依據要建立的內容, 選擇適合的版面配置。

新增投影片並選擇適當的版面配置

上一節我們已經輸入好簡報的標題及副標題, 現在再來練習加入新投影片, 以及選擇適當的版面配置。

STEP 01 請切換到**常用**頁次, 在**投影片**區中按下**新增投影片**鈕的下方按鈕, 就會看到 PowerPoint 所提供的版面配置:

1 按下此鈕

縮圖下方會顯示版面配置樣式的名稱

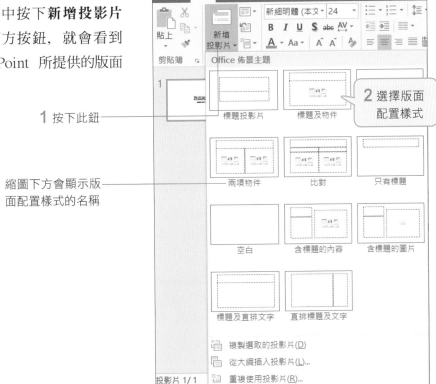

2 選擇版面配置樣式

若此時直接按下**新增投影片**鈕的上方按鈕, 會自動新增一張套用 PowerPoint 預設的版面配置 (**標題及物件**) 投影片, 為熟悉操作方式, 這裡我們以自行選擇版面的方式來新增投影片。

STEP 02 按下列示窗中的**標題及物件**版面配置後, 就會建立第 2 張投影片了。你可以依照簡報內容及版面安排, 用同樣的方法來新增投影片, 如圖我們共新增了 2 張相同版面配置的投影片。

版面配置區會在投影片上劃分出資料預留的位置, 其功用則是協助我們輸入資料或安排投影片版面, 關於版面配置的詳細說明請參考第 6 章。

刪除投影片

如果要刪除多餘的投影片, 請在左邊的**投影片**窗格中按一下要刪除的投影片縮圖, 選取該張投影片後按下 Delete 鍵, 此例請先刪除第 3 張投影片, 待稍後需要時再新增。

若要刪除多張投影片, 可按住 Shift 鍵再點選連續多張投影片的頭尾 2 張投影片; 或按住 Ctrl 鍵再一一點選不連續的多張投影片。

按一下縮圖可選取投影片,
再按下 Delete 鍵可將其刪除

2-3 輸入投影片的標題和內容

目前簡報已經完成了第 1 張標題投影片，第 2 張投影片還是空白的，這一節要繼續輸入第 2 張投影片的內容。而學習重點我們放在輸入條列項目的練習。

請接續上節的範例繼續練習，首先選取第 2 張投影片再如下操作：

STEP 01 輸入投影片標題的方法，與輸入簡報標題相同，請如圖輸入第 2 張投影片的標題。接著在配置區中按一下進入編輯狀態，而插入點會出現在第 1 個項目符號之後：

STEP 02 輸入 "步驟1：趴下"，然後按下 Enter 鍵換行，下一行會出現新的項目符號讓你繼續輸入內容。請如圖完成投影片的內容，輸入完畢後按一下配置區以外的地方結束編輯狀態。

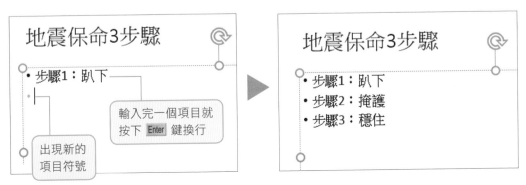

2-4 套用佈景主題 快速美化簡報

簡報內容已經有了, 但陽春的外觀實在吸引不了觀眾的目光。這一節我們利用佈景主題為簡報做些美化, 馬上就能讓簡報煥然一新!

　　PowerPoint 內建多種簡報外觀稱為**佈景主題**, 只要直接拿來套用, 就可以立即為簡報換上美麗的新衣。為節省您輸入文字的時間, 請開啟範例檔案 Ch02-01 來練習。開啟檔案後, 先切換到**設計**頁次, 在**佈景主題**區按下**其他鈕** ⯆, 以便瀏覽所有的佈景主題:

按這 2 個按鈕可逐列瀏覽佈景主題

1 按下此鈕瀏覽所有的佈景主題

目前套用的佈景主題

2 點選要套用的佈景主題

當滑鼠停留在佈景主題縮圖上時, 可由投影片即時預覽套用的結果

可由此區選取想套用的顏色

所有的投影片都會套用佈景主題　　　　　連文字也套用了佈景主題的樣式

 套用佈景主題之後,若建立新投影片,亦會自動套用該佈景主題。

　　當您點選佈景主題後,該佈景主題會套用到整份簡報中。若只想套用到單張投影片,請先選取該張投影片,然後如圖操作:

在欲套用的佈景主題上按滑鼠右鈕執行此命令

2-5 儲存簡報檔案

完成簡報的製作之後，請記得將簡報儲存起來，以便日後開啟編輯或進行簡報放映。存檔的操作，可由「快速存取工具列」來進行，或是由「檔案」頁次來設定。

第一次存檔

儲存檔案最迅速的方法，就是按下**快速存取工具列**上的**儲存檔案**鈕 ⊟ 來存檔，若是還沒替檔案命名，此時會開啟**另存新檔**交談窗，讓你選擇儲存檔案的位置。

1 選擇檔案儲存的位置，若要儲存在電腦，請按下此項

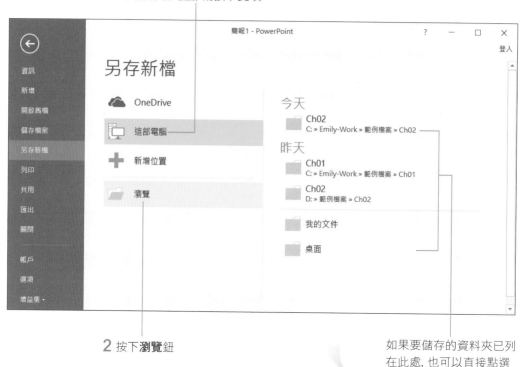

2 按下**瀏覽**鈕

如果要儲存的資料夾已列在此處，也可以直接點選

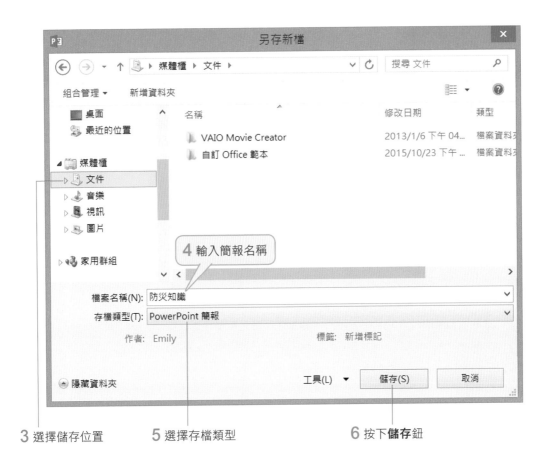

3 選擇儲存位置　　　5 選擇存檔類型　　　　　　　6 按下**儲存**鈕

PowerPoint 預設的存檔類型為 **PowerPoint 簡報**，其副檔名為 .pptx，可在 PowerPoint 2007、2010、2013、2016 中開啟。

儲存簡報後，若有變更簡報的內容，只要再次按下**快速存取工具列**的**儲存檔案**鈕 🖫 就可直接儲存簡報。

由於 .pptx 格式無法在 PowerPoint 2000/XP/2003 等版本開啟，若簡報檔案需要在這些版本中開啟，那麼建議你在存檔時，將**存檔類型**設定為 **PowerPoint 97-2003 簡報**格式，儲存成各版本都可開啟的 .ppt 格式。

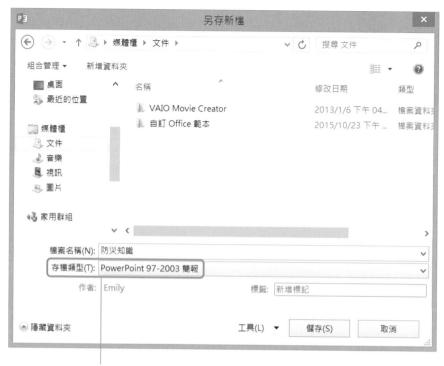

由此選擇檔案類型

　　不過, 如果簡報中使用了舊版 PowerPoint 所沒有的功能, 又將檔案儲存成 **PowerPoint 97-2003 簡報**格式, 那麼在儲存時就會出現如下的交談窗, 告知您儲存後將會有什麼改變。例如下圖的交談窗提醒我們, 簡報中的 SmartArt 圖形將轉換成圖片 (表示無法編輯、修改內容):

　　若仍按下**繼續**鈕儲存，在 PowerPoint 2000/XP/2003 等版本開啟檔案時，將無法編輯圖表的內容 (若是其它新功能可能會遺失內容)，所以建議您先為檔案儲存一份 .pptx 的格式，再轉存成 .ppt 格式，若發現檔案內容遺失或需要修改，都還可以從 .pptx 這份檔案來補救。

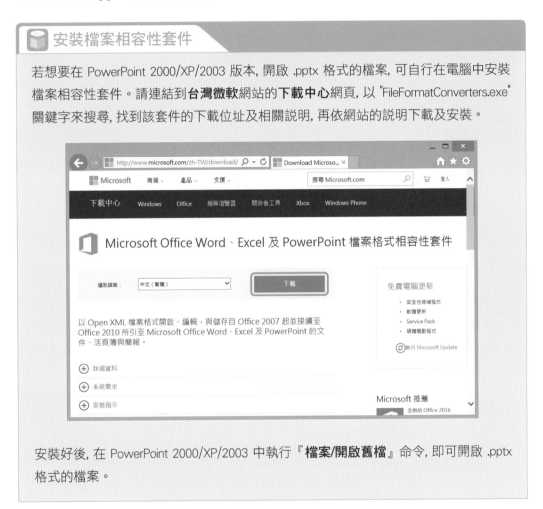

安裝好後，在 PowerPoint 2000/XP/2003 中執行『**檔案/開啟舊檔**』命令，即可開啟 .pptx 格式的檔案。

另存新檔

　　如果想以另一個檔名來儲存，或是想變更存檔的路徑，那麼請切換到**檔案**頁次，執行『**另存新檔**』命令，可再次開啟**另存新檔**交談窗，讓你為簡報設定另一個檔名或更改儲存位置。

2-6 放映簡報

編輯簡報的過程中想看看簡報播放的效果，隨時可用全螢幕的方式來放映簡報，若發現美中不足的地方，也可以立即進行修改。待簡報製作完成正式上台時，簡報的放映更是不可不學的技巧哦！

放映簡報只要按下視窗右下角的**投影片放映**鈕 ，將簡報切換到**投影片放映**模式，即會從目前所在的投影片開始播放。你可以開啟範例檔案 Ch02-02 來試試看。

按下此鈕

按下 鈕是從目前所在的投影片開始播放，若要完整的播放整份簡報，請務必先切換到第 1 張投影片，再按下 鈕，或是切換到**投影片放映**頁次，按下**從首張投影片**鈕，亦可從頭開始播放投影片。

企 · 業 · 簡 · 介

形象創造設計公司

以全螢幕的方式播放投影片，更多放映技巧請參考第 16 章

在放映投影片時，你可以按下滑鼠左鈕（或 Enter 鍵）切換到下一張投影片，或按 Page Up 及 Page Down 鍵來切換前、後張投影片。

放映到最後，會出現一張黑色投影片，表示投影片播完了，只要再按一下滑鼠左鈕即可結束放映，回到放映前所在的檢視模式；若中途要結束放映，可隨時按下 Esc 鍵。

2-7 將簡報列印成書面講義

簡報除了在電腦螢幕上放映, 也可以利用印表機將投影片列印出來, 或是將投影片內容列印成講義供聽眾參考。在列印前, 最好先預覽一下列印出來的結果, 以免浪費了紙張及列印時間。

請同樣利用範例檔案 Ch02-02 進行如下的練習。開啟檔案後切換到**檔案**頁次, 再按下**列印**項目, 進行列印的相關設定。假設我們想要將簡報列印成一頁 3 張投影片, 且方便聽眾做筆記的**講義**格式, 可如下進行設定:

1 拉下此鈕選擇列印方式

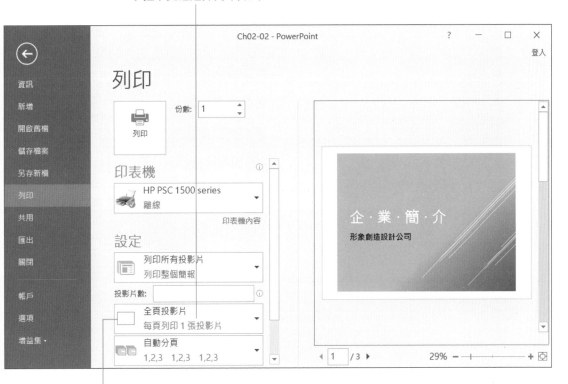

目前設定的是**全頁投影片**, 也就是一張紙列印一張投影片

2 請選擇 **3 張投影片**

如果還要修改投影
片內容, 請再按一下
此鈕, 回到編輯狀態

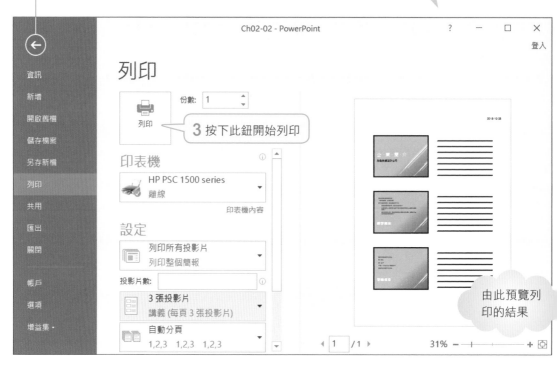

3 按下此鈕開始列印

由此預覽列
印的結果

 列印還有許多相關的設定項目, 我們將在第 17 章詳細介紹。

CHAPTER

3

輸入及編輯簡報文字

經過前一章的練習，相信你對簡報的製作流程已有具體的認識，接下來我們要更深入介紹在簡報中輸入文字的技巧，以及各項文字格式設定與段落的調整，讓簡報中的文字能完美呈現。

- 套用簡報範本建立專業簡報
- 輸入簡報文字
- 美化條列項目
- 文字的格式化
- 段落的對齊與行距調整
- 用「自動調整選項」鈕自動分割投影片、分配版面
- 搬移與複製文字
- 複製喜愛的格式再利用

3-1 套用簡報範本 建立專業簡報

PowerPoint 提供多種建立簡報的方法, 除了之前介紹過的空白簡報外, 還可以使用簡報範本來建立, 或是從 Office.com 網站下載範本來使用, 底下就為你介紹這些建立簡報的方法。

使用「佈景主題」建立簡報

　　PowerPoint 內建多組精美的「佈景主題」, 你可以直接挑選喜歡的佈景主題來建立簡報, 節省自己配色、選字型、設計背景的時間。要使用佈景主題來建立簡報, 可由啟動 PowerPoint 時顯示的啟動畫面來選取:

1 點選欲套用的範本

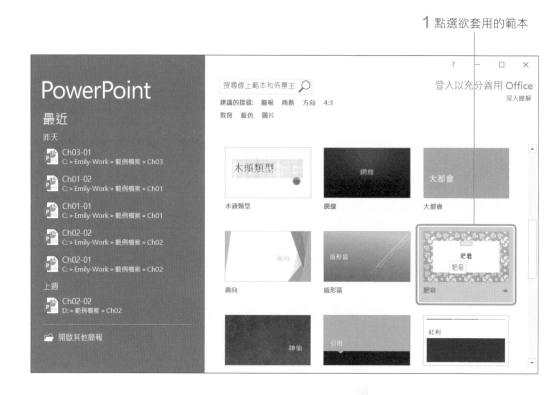

預覽前一個簡報範本

2 點選要套用的樣式

關閉視窗回到範本縮圖重新選取

瀏覽此範本的其它版面配置

3 按下**建立**鈕

預覽下一個簡報範本

馬上建立了一份已套用佈景主題的簡報

若已進入 PowerPoint 的編輯環境, 則可切換到**檔案**頁次, 再按下**新增**項目來挑選, 點選範本後, 同樣會開啟簡報範本預覽畫面, 讓您預覽其它版面配置, 並選擇喜歡的樣式, 請參考上述的說明來選擇。

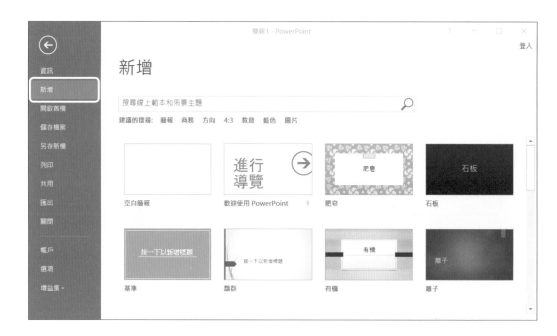

　　使用佈景主題來建立簡報, 其實與建立**空白簡報**很像, 只是前者已套用背景、色彩、字型等設定, 可有效節省美化簡報的時間。

由「Office.com」下載範本來建立簡報

　　雖然 PowerPoint 已內建了不少佈景主題及簡報範本, 但有時還是會覺得找不到合用的, 此時你可以透過 Office.com 網站來尋找更多的資源。請先確定你的電腦可上網, 然後切換到**檔案**頁次, 再按下**新增**項目:

如果想搜尋其它主題的範本,
可在此欄中輸入關鍵字來搜尋

1 可直接點選建議的關
鍵字, 例如點選**圖片**

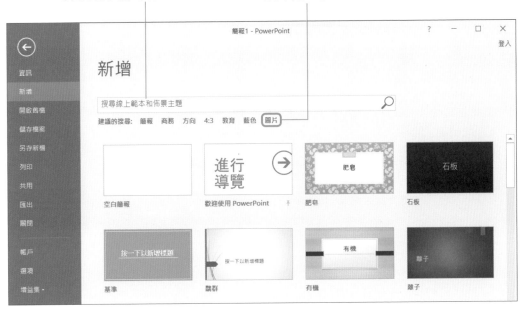

2 點選喜歡的佈景主題

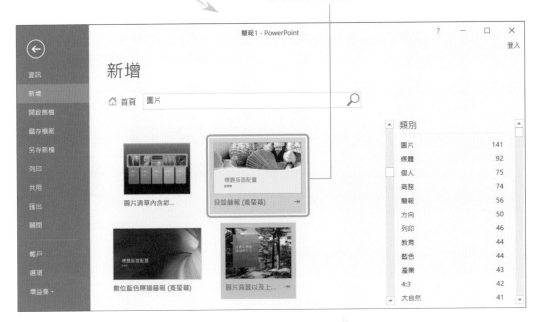

瀏覽其它簡報範本

下載完成後, 就會開啟一份套用佈景主題的簡報了:

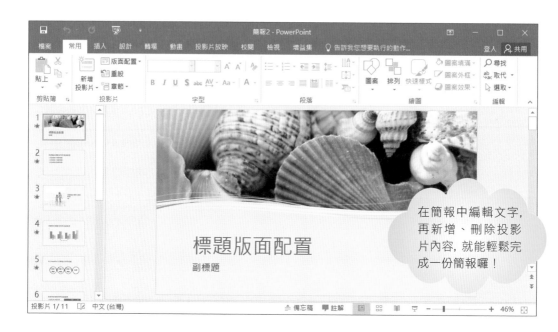

3-2 輸入簡報文字

建立簡報檔案之後, 接著就要開始輸入簡報的內容了。一般都是直接在投影片中輸入文字; 若是已將大綱、簡報內容建立在文件中 (例如: Word 文件), 也可以將其建立成簡報內容。

直接在投影片中輸入內容

為了讓簡報內容好閱讀, 通常會將簡報內容以條列方式表現, 而在上一章的練習中, 我們已充份練習了條列文字的輸入方法, 這裡我們要繼續學習次層條列, 及插入符號的方法。

輸入次層條列項目

在項目之下以次層細目來說明時, 會讓簡報內容的架構更清楚。請開啟範例檔案 Ch03-01, 並切換到第 2 張投影片, 如下練習輸入次層條列項目。

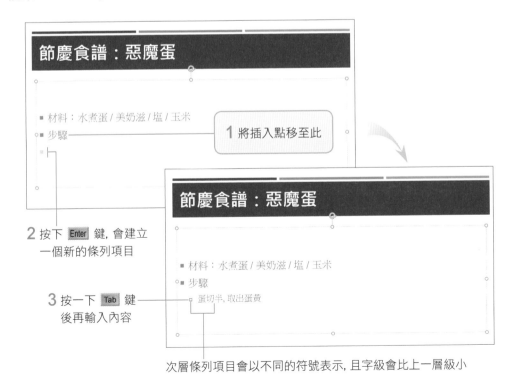

次層條列項目會以不同的符號表示, 且字級會比上一層級小

請依照右圖輸入其它內容，完成後在配置區以外的地方按一下，結束編輯狀態。

節慶食譜：惡魔蛋

- 材料：水煮蛋 / 美奶滋 / 塩 / 玉米
- 步驟
  - 蛋切半, 取出蛋黃
  - 蛋黃與其美奶滋, 塩, 玉米拌勻
  - 將蛋黃填入蛋白中

輸入直排的文字

預設的投影片文字走向是由左至右, 當簡報內容需要以直式走向表現時, 你也可以將文字改為直排。請將插入點移至條列項目中, 再切換到**常用**頁次, 按下**段落**區的**文字方向**鈕 來設定：

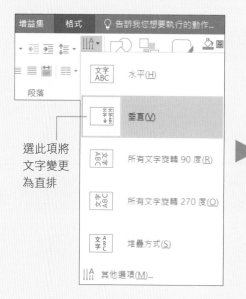

選此項將文字變更為直排

▲ 文字改為直排了, 閱讀順序則是改為由右向左

如果一開始就決定要輸入直排文字, 那麼你可以在**常用**頁次中按下**新增投影片**鈕的下半部, 選擇**標題及直排文字** 或**直排標題及文字** 的版面配置。

在投影片中插入符號

在投影片中輸入資料, 有時候會需要用到 ©、® 等特殊符號, 接下來我們就要說明如何在投影片中輸入這些鍵盤上找不到的符號。例如要在範例檔案 Ch03-01 的第 1 頁加上著作權宣告符號, 可如下操作:

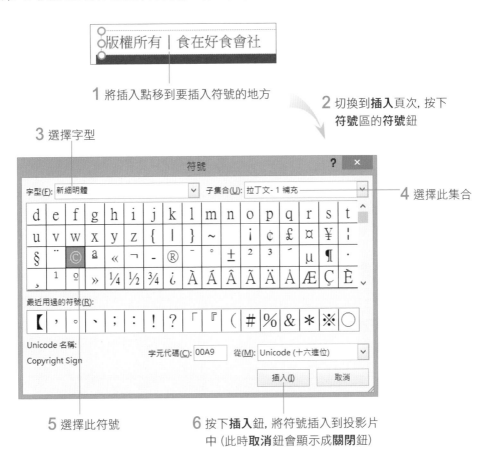

1 將插入點移到要插入符號的地方

2 切換到**插入**頁次, 按下**符號**區的**符號**鈕

3 選擇字型

4 選擇此集合

5 選擇此符號

6 按下**插入**鈕, 將符號插入到投影片中 (此時**取消**鈕會顯示成**關閉**鈕)

插入符號後, **符號**交談窗仍會保持開啟, 你可以繼續插入其他符號, 如果不需要再插入符號, 請按下**關閉**鈕關閉此交談窗。

插入的符號

 在投影片中輸入 (C) 也會自動轉成 ©、輸入 (R) 也會自動轉成 ® 喔!

由現有文件複製內容到投影片

如果要將現有的文件 (例如 Word、記事本檔案) 轉換為簡報，那麼你可以直接使用複製、貼上的方法，將文件檔中的資料複製到投影片中，以節省在投影片中輸入資料的時間。例如我們要將範例檔案 Ch03-02.docx 中的文字，複製到範例檔案 Ch03-03 的簡報中，可以如下操作：

STEP 01 開啟 Ch03-02.docx 這份 Word 文件，選取要複製到投影片中的文字，接著按下 `Ctrl` + `C` 鍵，複製選取的文字。

選取並複製文字

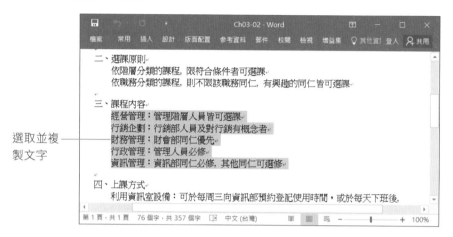

STEP 02 開啟 Ch03-03 簡報檔，並切換到第 4 張投影片，將插入點移到配置區中，然後按下 `Ctrl` + `V` 鍵，將剛才選取的文字貼進來：

在此按一下，即可切換到第 4 張投影片

貼上文字

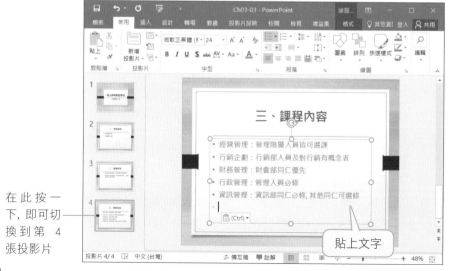

3-3 美化條列項目

之前我們已經學會在投影片中輸入條列項目的基本操作，接下來這一節將介紹條列項目的美化，及大小、顏色等設定，讓項目符號、編號更符合簡報風格。

顯示/隱藏項目符號與編號

請開啟範例檔案 Ch03-04 來練習。在投影片中輸入條列項目，你可以使用項目符號或是編號來表示：

<table>
<tr><td>

行程特色

◆ 悠遊香榭大道, 享受露天咖啡
◆ 拜訪巴黎最古老的咖啡館
◆ 搭乘遊船飽覽塞納河沿岸美景及建築
◆ 參觀羅浮宮美術館、凡爾賽宮

</td><td>

貼心安排

1. 下塌飯店近地鐵站、近鬧區
2. 免費機場到飯店的巴士接、送機
3. 贈送彩色巴黎觀光地鐵圖及地鐵搭乘說明
4. 贈送『艾菲爾鐵塔觀景台門票』一張

</td></tr>
</table>

▲ 第 2 張投影片會看到項目符號　　　　　▲ 第 3 張投影片會看到編號

要控制項目符號及編號的顯示、隱藏狀態，你可以切換到**常用**頁次，在**段落**區中按下**項目符號**鈕 📋▾ 或**編號**鈕 📋▾ 來切換，我們以第 4 張投影片做示範，請選取所有條列項目，然後如下操作：

▲ **項目符號**鈕呈選取的狀態, 表示啟用項目符號

將插入點移到文字的開頭, 按住滑鼠左鈕不放, 往下拉曳到最後, 即可選取所有條列項目

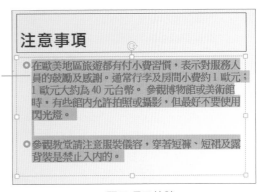

▲ 顯示項目符號

3-11

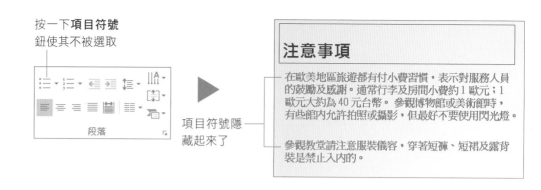

按一下**項目符號**
鈕使其不被選取

項目符號隱
藏起來了

段落

注意事項

在歐美地區旅遊都有付小費習慣，表示對服務人員
的鼓勵及感謝。通常行李及房間小費約 1 歐元；1
歐元大約為 40 元台幣。 參觀博物館或美術館時，
有些館內允許拍照或攝影，但最好不要使用閃光燈。

參觀教堂請注意服裝儀容，穿著短褲、短裙及露背
裝是禁止入內的。

　　若只想隱藏一個條列項目的符號，請將插入
點移到該項目中，再按一下**項目符號**鈕即可。

 編號的操作方法和項目符號
相同，你可以自行試試。

變更項目符號及編號樣式

　　套用項目符號及編號時，PowerPoint 會顯示預設的項目及編號樣式，我們也
可以自行變更成喜愛的樣式。

變更項目符號的樣式

　　要變更項目符號的樣式，請將插入點移到條
列項目中，或選取條列項目，然後切換到**常用**頁
次，在**段落**區按下**項目符號**鈕旁的向下箭頭，由下
拉列示窗挑選其他項目符號。接續上例，請利用
第 2 張投影片進行練習，先選取要變更的項目：

1 按下此鈕

無

2 選取要套用的
項目符號樣式

項目符號及編號(N)...

行程特色

◆ 悠遊香榭大道，享受露天咖啡
◆ 拜訪巴黎最古老的咖啡館
◆ 搭乘遊船飽覽塞納河沿岸美景及建築
◆ 參觀羅浮宮美術館、凡爾賽宮

行程特色

· 悠遊香榭大道，享受露天咖啡
· 拜訪巴黎最古老的咖啡館
· 搭乘遊船飽覽塞納河沿岸美景及建築
· 參觀羅浮宮美術館、凡爾賽宮

▲ 變更項目符號

變更編號樣式

變更編號樣式和變更項目符號的樣式方法相似。接續上例, 請切換到第 3 張投影片, 我們已經事先輸入好編號項目的內容, 請選取所有的編號項目, 以進行更改編號樣式的練習。

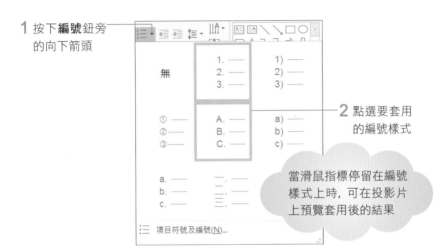

1 按下**編號**鈕旁的向下箭頭

2 點選要套用的編號樣式

當滑鼠指標停留在編號樣式上時, 可在投影片上預覽套用後的結果

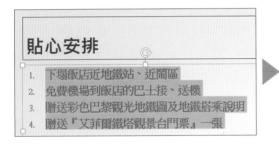

變更後的編號樣式

調整項目符號/編號的大小及色彩

如果 PowerPoint 提供的項目符號/編號樣式, 與投影片的整體版面不協調, 也能加以修改, 例如剛才我們變更後的編號樣式, 其字體就比較小, 且色彩也較暗無法突顯出來。

請同樣選取第 3 張投影片中的所有編號項目, 然後按下**編號**鈕 旁的向下箭頭, 執行『**項目符號及編號**』命令:

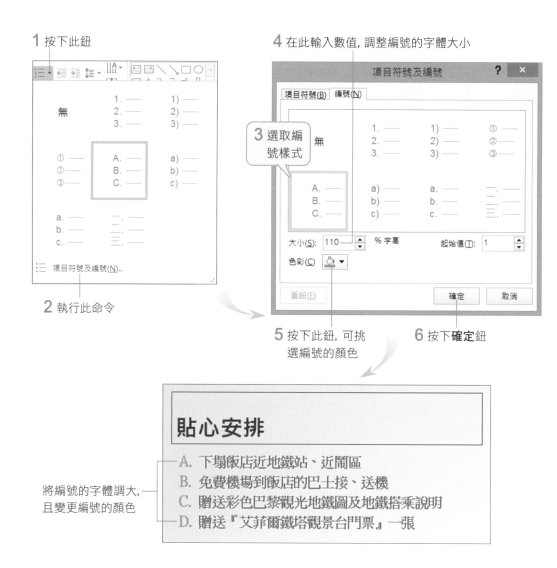

1 按下此鈕

2 執行此命令

4 在此輸入數值, 調整編號的字體大小

3 選取編號樣式

5 按下此鈕, 可挑選編號的顏色

6 按下**確定**鈕

將編號的字體調大, 且變更編號的顏色

貼心安排

A. 下塌飯店近地鐵站、近鬧區
B. 免費機場到飯店的巴士接、送機
C. 贈送彩色巴黎觀光地鐵圖及地鐵搭乘說明
D. 贈送『艾菲爾鐵塔觀景台門票』一張

 變更項目符號的字體大小及顏色, 和變更編號的方法一樣, 你可以自行試試。

圖片式項目符號

如果對於預設的符號都不滿意, 那麼試試圖片式的項目符號吧！同樣請沿用範例檔案 Ch03-04, 然後切換到第 5 張投影片, 選取全部的條列項目, 然後再如下操作:

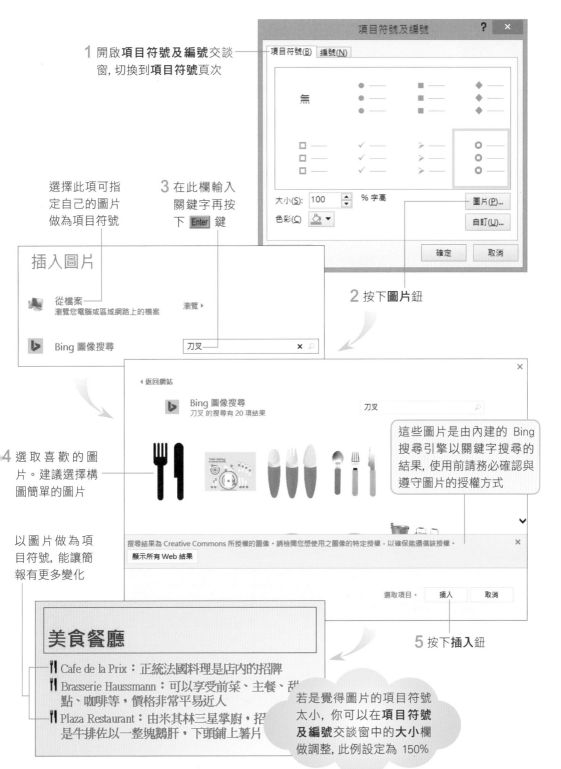

1 開啟**項目符號及編號**交談窗, 切換到**項目符號**頁次

選擇此項可指定自己的圖片做為項目符號

3 在此欄輸入關鍵字再按下 Enter 鍵

2 按下**圖片**鈕

插入圖片

從檔案
瀏覽您電腦或區域網路上的檔案　　瀏覽 ▶

Bing 圖像搜尋　　刀叉　　✕ ⌕

◂ 返回網站

Bing 圖像搜尋
刀叉 的搜尋有 20 項結果　　刀叉 ⌕

4 選取喜歡的圖片。建議選擇構圖簡單的圖片

這些圖片是由內建的 Bing 搜尋引擎以關鍵字搜尋的結果, 使用前請務必確認與遵守圖片的授權方式

以圖片做為項目符號, 能讓簡報有更多變化

搜尋結果為 Creative Commons 所授權的圖像。請檢閱您想使用之圖像的特定授權, 以確保能遵循該授權。　✕
顯示所有 Web 結果

選取項目。　插入　取消

5 按下**插入**鈕

美食餐廳

Cafe de la Prix：正統法國料理是店內的招牌

Brasserie Haussmann：可以享受前菜、主餐、甜點、咖啡等, 價格非常平易近人

Plaza Restaurant：由米其林三星掌廚, 招是牛排佐以一整塊鵝肝, 下頭鋪上薯片

若是覺得圖片的項目符號太小, 你可以在**項目符號及編號**交談窗中的**大小**欄做調整, 此例設定為 150%

3-4 文字的格式化

文字可說是一份簡報的主角, 透過字型、字級、顏色等變化, 就能讓簡報的文字架構清楚, 內容看起來更充實、美觀, 這一節我們就來學學美化文字的方法。

　　請開啟範例檔案 Ch03-05 來進行文字的美化練習, 這份簡報已經套用投影片的佈景主題, 但總覺得標題文字不夠醒目, 現在我們就利用相關的工具鈕讓文字更搶眼些。

STEP 01 請切換到第 1 張投影片, 然後選定如圖的標題。

將插入點移到此, 按住滑鼠左鈕不放, 拉曳到文字最後, 即可選定標題 ——

新車發表會 Welcome
艾拉克跑車全新登場

STEP 02 切換到**常用**頁次, 在**字型**區中即可進行文字的相關設定。例如我們要將字型大小調整為 "60", 並為文字加粗、加陰影, 再把文字色彩設為 "深藍色"。

1 在此按一下可選擇字型大小, 或直接輸入數值

| 檔案 | 常用 | 插入 | 設計 | 轉場 | 動畫 | 投影片放映 | 校閱 |

微軟正黑體 ▾ 60 ▾

4 拉下列示窗選擇文字色彩

2 按一下此鈕, 將文字加粗; 再按一下可取消加粗

3 按下此鈕可替文字加上陰影效果

STEP 03 設定好之後, 按一下配置區以外的地方, 就完成文字的格式設定了。

新車發表會 Welcome
艾拉克跑車全新登場

 除了在**字型**區中美化文字外, 當你選取文字後, 就會出現迷你工具列, 方便你在選取文字後, 快速美化文字。

3-5 段落的對齊與行距調整

調整文字段落的對齊方式以及行距，可以讓投影片的整體版面更加整齊美觀。首先來說明段落對齊，在配置區輸入文字後，可視需要調整文字的水平與垂直對齊方式，以下我們將分別說明。

段落的水平對齊

水平對齊方式可設定為**靠左對齊** ≡、**置中** ≡、**靠右對齊** ≡、**左右對齊** ≡ 及**分散對齊** ≡。設定時請將插入點移至段落內，再切換至**常用**頁次，按下**段落**區的按鈕進行設定。請開啟範例檔案 Ch03-06，並切換到第 2 張投影片，由於目前設定為**靠左對齊**，文字結尾的右側有點不整齊，請如下設定文字的水平對齊方式：

1 將插入點移到段落中

本月(6月)已進入家電用品的銷售旺季，全體同仁必須增加檢查庫存數量的次數，請參考公佈欄上所張貼的實施公告，並確實遵守。

2 請按下此鈕

目前的設定為**靠左對齊**

本月(6月)已進入家電用品的銷售旺季，全體同仁必須增加檢查庫存數量的次數，請參考公佈欄上所張貼的實施公告，並確實遵守。

▲ 段落左右對齊了

 您也可以先選取段落文字後，利用**迷你工具列**上的段落對齊鈕來對齊段落。

段落的垂直對齊

再來談談段落的垂直位置，當在配置區輸入文字時，若文字尚未佔滿配置區，就可以設定文字要放在垂直位置的上方、中間，或是靠齊下方；一旦文字填滿配置區，那麼垂直位置設定為何，就看不出差別了。我們直接來練習操作，請切換到第 3 張投影片，再將插入點移至任一段落中：

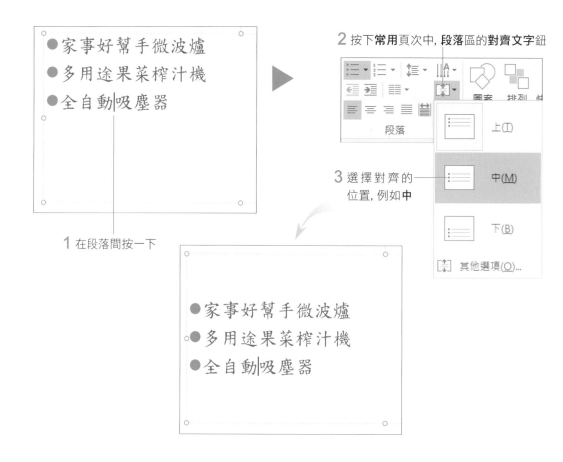

2 按下**常用**頁次中, **段落**區的**對齊文字**鈕

3 選擇對齊的
位置, 例如**中**

1 在段落間按一下

調整行與行的距離

PowerPoint 會因應配置區的大小及內容多寡自動調整文字及行距, 你也可以依整體的版面情形手動更改行距。同樣以範例檔案 Ch03-06 第 3 張投影片來練習:

STEP 01 此張投影片的條列文字較少, 整個版面看起來有點空, 請依右圖選取文字, 我們要調大文字的行距, 讓整個版面看起來更平衡。

● 家事好幫手微波爐
● 多用途果菜榨汁機
● 全自動吸塵器

▶ 選取全部的條列項目

STEP 02 切換到**常用**頁次, 在**段落**區中按下**行距**鈕 來調整:

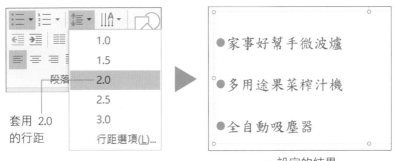

套用 2.0
的行距

▲ 設定的結果

拉下**行距**鈕來調整行距比較直覺、快速, 如果要做更細部的調整, 你可以按下按鈕再執行『**行距選項**』命令, 開啟交談窗來設定。

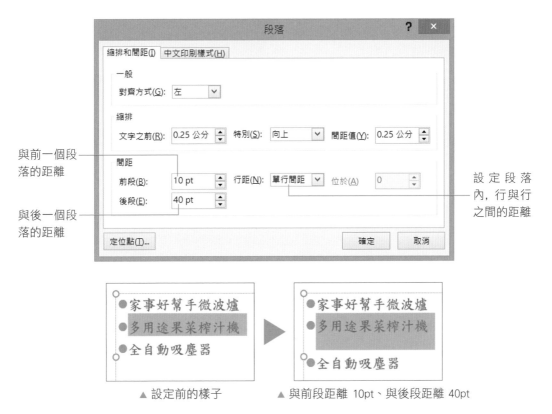

與前一個段落的距離

與後一個段落的距離

設定段落內, 行與行之間的距離

▲ 設定前的樣子　　　　▲ 與前段距離 10pt、與後段距離 40pt

 若將**行距**設為**固定行高**或**多行**, 還可在**位於**欄中設定點數或行數。

用「自動調整選項」鈕自動分割投影片、分配版面

在有限的投影片版面中, 如果輸入的內容超出配置區範圍, PowerPoint 會自動調整文字和行距的大小, 以便將內容完整呈現。這一節我們就來看看如何善用此功能來提升工作效率。

假設我們想在範例檔案 Ch03-07 第 2 張投影片中, 增加 1 個條列項目:

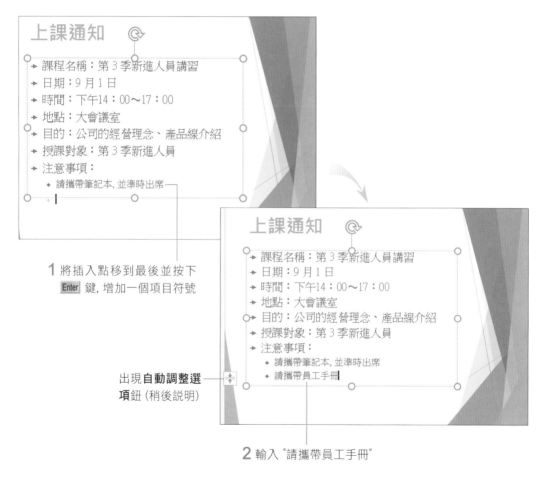

1 將插入點移到最後並按下 `Enter` 鍵, 增加一個項目符號

出現**自動調整選項**鈕 (稍後說明)

2 輸入 "請攜帶員工手冊"

在輸入第一個字時, 由於已經超出配置區範圍, PowerPoint 會先縮小行距, 看能不能容納所要輸入的內容。如果再不行, 就會縮小字型大小, 以提供更多輸入空間。

當 PowerPoint 自動調整文字配置時, 旁邊會出現**自動調整選項**鈕 ᅷ , 如果你不希望改變字型大小及行距, 可以按下此按鈕, 由選單中選擇 PowerPoint 提供的解決方式。

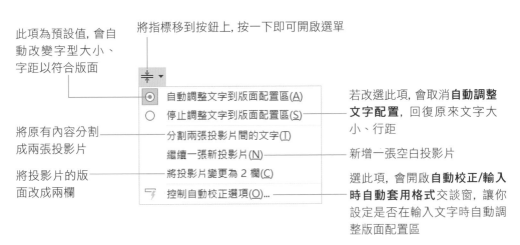

此項為預設值, 會自動改變字型大小、字距以符合版面

將指標移到按鈕上, 按一下即可開啟選單

將原有內容分割成兩張投影片

將投影片的版面改成兩欄

若改選此項, 會取消**自動調整文字配置**, 回復原來文字大小、行距

新增一張空白投影片

選此項, 會開啟**自動校正/輸入時自動套用格式**交談窗, 讓你設定是否在輸入文字時自動調整版面配置區

將投影片分割成兩頁

我們可以依需求來決定是否要由 PowerPoint 來調整版面配置, 當投影片中的文字太多時, 還可以自動將文字分成兩張投影片:

選擇**分割兩張投影片間的文字**項目

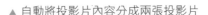

▲ 自動將投影片內容分成兩張投影片

將投影片的版面配置調整為兩欄

若是不想要分割成 2 張投影片，則可以在**自動調整選項**鈕中，改選**將投影片變更為 2 欄**，則版面將會如圖調整成 2 欄：

你可以拉曳控點來調整配置區的大小

將內容調成 2 欄

除了使用**自動調整選項**鈕將版面調整為 2 欄，你也可以自行依版面的狀況，將配置區調整為 2 欄、3 欄等，只要切換到**常用**頁次，按下**段落**區的**新增或移除欄**鈕 來設定即可。

1 按下此鈕

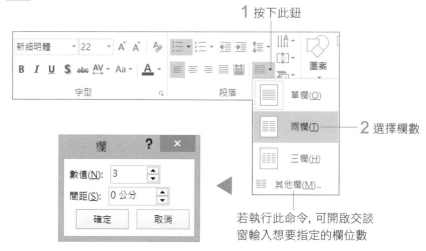

2 選擇欄數

若執行此命令，可開啟交談窗輸入想要指定的欄位數

3-7 搬移與複製文字

在編輯投影片的內容時，你可能需要經常輸入相同字串，或是想將文字擺放到其它投影片中，這時候就可以善用「搬移」及「複製」的功能，來節省製作簡報的時間。

利用剪貼法搬移與複製文字

搬移就是將資料移到另一個地方；而複製則是將資料拷貝一份放到其他位置。當你要將文字搬移或複製到其它地方時，你可以使用『剪貼法』或『拉曳法』來進行，以下我們先說明『剪貼法』的操作。

在**常用**頁次的**剪貼簿**區有 3 個按鈕，是運用『剪貼法』搬移或複製文字時，不可或缺的工具：

- 剪下鈕 ✂：會將選定的文字拷貝到 **Office 剪貼簿**裡，並將原本選定的文字刪除。

- 複製鈕 ▤：會將選定的文字拷貝到 **Office 剪貼簿**裡，並且保留原來選定的文字。

- 貼上鈕 ▤：會將前一次所剪下或複製的內容，加在插入點所在的位置。

搬移文字的位置

搬移的動作相當於先『剪下』再『貼上』。你可以開啟範例檔案 Ch03-08，並切換到第 2 張投影片，進行以下的練習：

STEP 01 選定 "企劃的成功要素"。

在項目符號上按一下，也可選取整個條列項目

- 企劃的功能及重要性
- 企劃的目的與類型
- 企劃的條件
- 企劃的成功要素 ——— 選定文字
- 企劃人的特質

STEP 02 按下**剪下鈕** ✂，被選定的文字會搬移到 **Office 剪貼簿** (稍後說明) 中，原處的文字則會因為字串被剪下而重新排列，接著請將插入點移到第 2 個條列項目前。

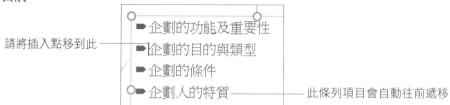

請將插入點移到此

此條列項目會自動往前遞移

STEP 03 按下**剪貼簿**區**貼上**鈕的上半部：

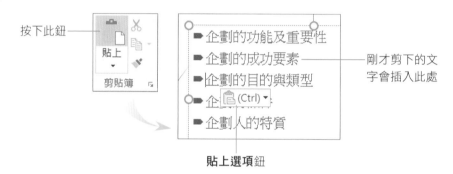

按下此鈕

剛才剪下的文字會插入此處

貼上選項鈕

完成貼上動作時，插入點附近會自動顯示**貼上選項**鈕 📋，可先不予理會，待你進行下一個動作時，此鈕即會消失，有關此鈕的操作請參考 3-26 頁的說明。

複製文字

複製的動作相當於先『複製』再『貼上』。接續上例，請切換到第 3 張投影片如下練習：

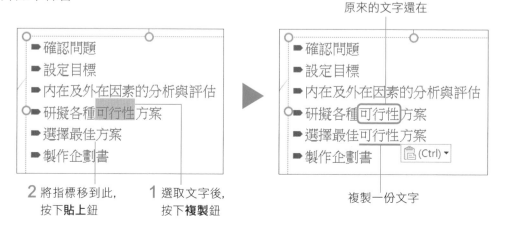

原來的文字還在

2 將指標移到此，按下**貼上**鈕

1 選取文字後，按下**複製**鈕

複製一份文字

利用拉曳法搬移與複製文字

搬移與複製的動作也可以藉由滑鼠的拉曳來完成，只要先選取要搬移的文字，再用滑鼠將其拉曳到要放置的地方即可。

以『拉曳法』搬移文字

同樣沿用範例檔案 Ch03-08，請切換到第 4 張投影片，然後如下操作：

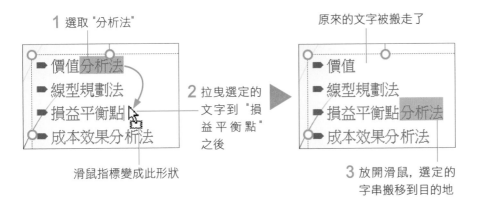

以『拉曳法』複製文字

接續剛才的例子，我們要將第 3 個條列項目的 "分析法" 再複製一份給第 1 個條列項目：

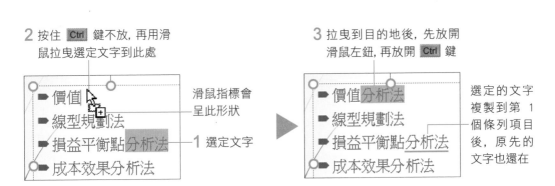

認識 Office 剪貼簿

剛剛我們說過在搬移或複製資料時, PowerPoint 會先把這些資料放到 **Office 剪貼簿**中, **Office 剪貼簿**一共可以容納 24 筆資料項目, 讓你一次先將資料項目收集齊全以後, 再進行貼上的動作, 請按下**常用**頁次下**剪貼簿**區右下角的 🔲 鈕, 開啟**剪貼簿**工作窗格:

陸續剪下或複製多筆
資料, 即會顯示在此

可由此預覽項目的
內容, 在項目上按
鈕, 可將資料內容複
製到插入點的位置

當複製的筆數達到 24 筆, 再進行複製或剪下時, **Office 剪貼簿**會自動將最近收集的資料項目覆蓋掉第 1 筆資料項目, 依此類推。

以『貼上選項』鈕設定貼上時要套用的格式

在搬移、複製的動作完成時, 你會發現貼上資料的附近出現了一個小按鈕 📋 , 這個按鈕叫做**貼上選項**鈕, 它的目的是方便你選擇如何套用文字的格式化設定, 如果你不需要設定文字的格式, 也可以不理會它, 當你進行下一個動作時, 此按鈕就會自動消失了。

以下我們仍以範例檔案 Ch03-08 來說明, 請切換到第 5 張投影片, 假如我們要將設定為藍色、粗體效果的 "企劃書" 3 個字, 複製到第 4 個條列項目之前, 那麼套用**貼上選項**鈕中的選項, 會有什麼樣的差異?請看底下的說明。

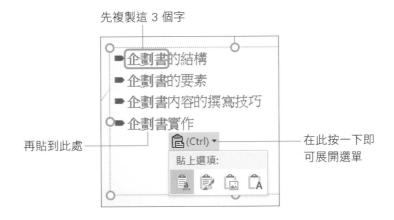

先複製這 3 個字

再貼到此處

在此按一下即
可展開選單

底下就為你說明套用**貼上選項**鈕的選項結果：

● 使用目的佈景主題 ：如果要貼上的文字是來自另一份不同佈景主題的簡報，
那麼選擇此項，則會套用目的地的佈景主題。

● 保留來源格式設定 ：此為預設選項，不改
變剪下或複製文字的格式設定。例如所複製的
文字套用粗體、藍色效果，那麼在目的地貼上
文字後，仍然會保留粗體、藍色效果。

複製來源的文字套用了粗體、
藍色字，貼上後仍保留來源格式

● 圖片 ：可將貼上的文字轉換為圖片，選取
後可套用所有的圖片樣式。

● 只保留文字 ：選擇此項，則會清除所有的
格式設定，變成純文字 (黑色字，不套用任何
格式)。

只保留文字

3-8 複製喜愛的格式再利用

當簡報中有許多文字必須重複套用相同的格式時,可利用「複製格式」功能省卻許多繁瑣步驟,而且此功能只會套用文字格式,並不會改變文字的內容,若要統一簡報內的文字、段落樣式,都可多加利用。

複製格式給其它文字套用

假設我們想將範例檔案 Ch03-09 第 2 張投影片的標題格式,複製到第 3 張投影片的標題,可如下操作:

STEP 01 選定第 2 張投影片的標題,並按下**常用**頁次**剪貼簿**區的**複製格式**鈕。

STEP 02 此時滑鼠指標會變成 ▲I 狀,接著切換到第 3 張投影片中,選定整個標題後放開左鈕,則該張投影片的標題就會套用相同的文字格式了:

連續複製格式

剛才的方法只能複製一次,假如要將格式複製到多張投影片,可如下利用連續複製格式來達成:

STEP 01 接續上例, 請選定第 3 張投影片的標題文字, 接著連按 2 次**複製格式**鈕, 再切換到第 4 張投影片, 然後選定標題:

設定買房子預算

放開滑鼠左鈕後, 指標仍維持複製格式的狀態

STEP 02 繼續切換到第 5 張投影片, 同樣也是選定標題文字, 就可以將剛才的格式複製過來。你只要重複選定、放開滑鼠的動作就可以連續複製格式了。若要結束連續複製格式的功能, 請按下 Esc 鍵或再按一次**複製格式**鈕 。

除了可以複製文字格式外, 段落格式、對齊方式、項目符號、…等都可以如上述方式複製。假設第 3 張投影片的項目符號, 要變更成與第 2 張投影片相同的編號方式:

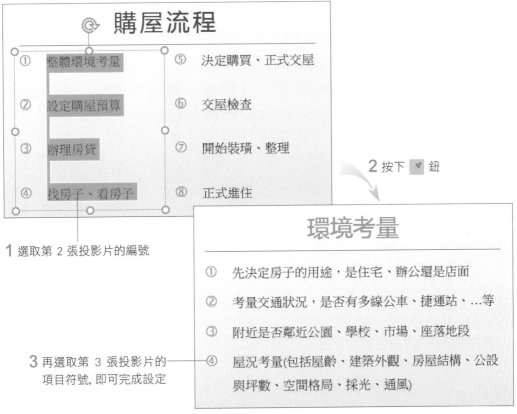

購屋流程

① 整體環境考量　　⑤ 決定購買、正式交屋
② 設定購屋預算　　⑥ 交屋檢查
③ 辦理房貸　　　　⑦ 開始裝璜、整理
④ 找房子、看房子　⑧ 正式進住

1 選取第 2 張投影片的編號

2 按下 鈕

環境考量

① 先決定房子的用途，是住宅、辦公還是店面
② 考量交通狀況，是否有多線公車、捷運站、…等
③ 附近是否鄰近公園、學校、市場、座落地段
④ 屋況考量(包括屋齡、建築外觀、房屋結構、公設與坪數、空間格局、採光、通風)

3 再選取第 3 張投影片的項目符號, 即可完成設定

尋找與取代文字及字型

如果簡報中有重複出現的文字、用語、人名等, 最怕有誤植的情況了, 不但要一一找到錯誤的內容, 還要細心地將其更正。若懂得善用 PowerPoint 的「尋找與取代」功能, 這項工作就會變得輕鬆又容易。

尋找文字

假設我們想知道範例檔案 Ch03-09 中, 有哪些地方提到 "買房子", 就可以利用**尋找**功能來達成。請重新開啟檔案, 接著切換到**常用**頁次, 按下**編輯**區的**尋找**鈕:

1 輸入 "買房子"

2 按下此鈕進行尋找

找到的內容會呈選取狀態

可按此鈕繼續找下一筆, 直到找完整份簡報檔為止

按此鈕可變更為**取代**交談窗來替換文字 (稍後說明)

完成搜尋的工作後, 會出現如右圖的交談窗, 請按下**確定**鈕, 回到**尋找**交談窗後再按下**關閉**鈕。

 若是簡報中找不到想要的內容, 則會直接出現訊息交談窗告知。

取代文字

如果需要將尋找到的文字用另一個字串取代，你可以按下**編輯**區的**取代**鈕 (也可以在**尋找**交談窗中，按下**取代**鈕)，開啟**取代**交談窗來設定。接續上例，我們想將簡報中的 "買房子"，全部取代成 "購屋"：

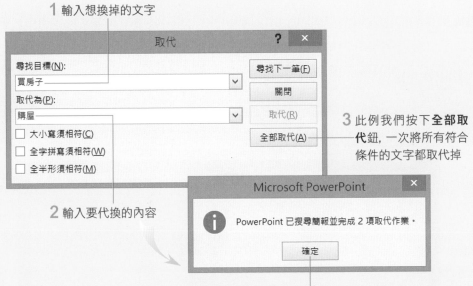

1 輸入想換掉的文字

2 輸入要代換的內容

3 此例我們按下**全部取代**鈕，一次將所有符合條件的文字都取代掉

完成後會顯示取代了幾個項目，按下**確定**鈕即可

取代完成後，請按下**取代**交談窗的**關閉**鈕，結束取代的工作。

如果你擔心取代功能會誤將其他相似的詞也一起取代 (例如要將 "投資基金" 的 "基金" 替換為 "股票"；但 "基金會" 的 "基金" 也會被取代，變成 "股票會")，那麼你可以逐筆尋找文字後，再決定是否取代。其做法為先按下**尋找下一筆**鈕，找出第一個符合條件的文字，再決定是否進行取代；若要取代則按一下**取代**鈕，若不需取代，則按**尋找下一筆**鈕，直到全部找完為止。

取代字型

取代功能除了可以快速代換文字外，也可以用來代換字型。例如簡報檔中的字型皆為**新細明體**，現在想代換成**標楷體**，要逐一選取文字再變更字型實在是太累人了，你可以按下**取代**鈕旁的向下箭頭執行『**取代字型**』命令，開啟交談窗來設定：

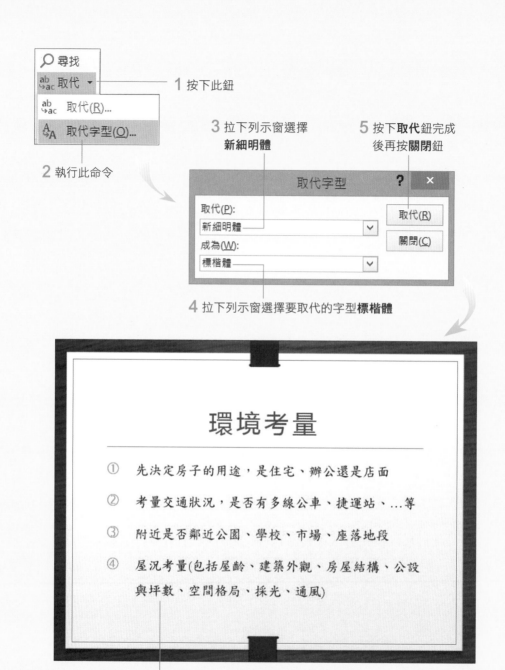

1 按下此鈕

2 執行此命令

3 拉下列示窗選擇 **新細明體**

5 按下**取代**鈕完成後再按**關閉**鈕

4 拉下列示窗選擇要取代的字型**標楷體**

所有的**新細明體**都變成**標楷體**了

　　學會文字與段落的格式設定，你的簡報看起來會愈來愈具專業水準，接下來我們將介紹 PowerPoint 的**大綱**模式，教你快速建立投影片的內容。

善用「大綱」窗格
調整簡報大綱

前面我們都是直接在投影片中編輯簡報內容，這一章則是要告訴您如何善用「大綱」窗格快速有效地處理簡報的大綱架構，不僅便於檢視整份簡報的文字內容，還可直接編輯文字、變更條列項目的順序及階層。

- 由「大綱」窗格檢視簡報架構
- 將 Word 文件轉換成 PowerPoint 簡報
- 在「大綱」窗格編輯投影片內容
- 檢視簡報的大綱架構
- 調整大綱階層的升降層級與順序

4-1 由「大綱」窗格 檢視簡報架構

在「標準模式」下，左側會開啟投影片窗格，其中會顯示投影片縮圖，以方便瀏覽簡報內容；若是切換到「大綱模式」，左側會改顯示大綱窗格，讓我們能輕鬆檢視簡報的架構。

請開啟範例檔案 Ch04-01，然後切換到**檢視**頁次，再如下切換左側窗格的顯示內容：

1 按下**大綱模式**鈕

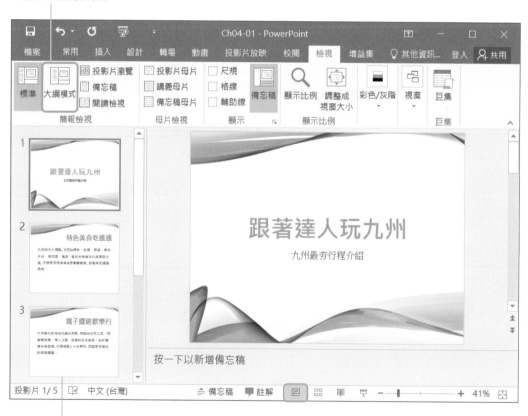

在**標準模式**下，**投影片**
窗格可瀏覽投影片縮圖

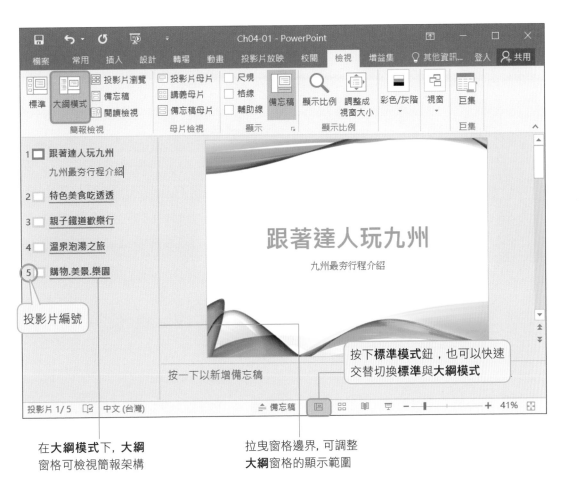

在**大綱模式**下, **大綱**
窗格可檢視簡報架構

拉曳窗格邊界, 可調整
大綱窗格的顯示範圍

　　大綱窗格是呈現簡報大綱的場所, 所以只會顯示投影片中文字配置區的內容, 並以「階層」來區分投影片標題、副標題及條列項目。

　　階層會依序縮排, 階層的次序由左而右遞減, 例如投影片標題為大綱的第 1 層, 所以位於最左側, 次層的副標題或條列項目便往右內縮;向右縮排愈多者, 階層愈低, 最多可設定到 5 個階層。

　　在 4-3 節我們將介紹如何在**大綱**窗格編輯簡報架構;4-4、4-5 也會陸續說明**大綱**窗格的各種檢視及調整的方法;下一節我們先說明如何將 Word 文件轉換成簡報。

4-2 將 Word 文件轉換成 PowerPoint 簡報

認識簡報大綱的階層架構後, 這裡先來介紹將 Word 文件轉換成簡報的方法。假設你習慣在 Word 編輯文件, 那麼就可以先在 Word 編輯好內容, 再將 Word 文件轉換成投影片。

　　要讓 Word 文件可以自動轉換成投影片中的標題、副標題或條列項目, 必須在 Word 為投影片標題套用**標題 1** 樣式, 條列項目則套用**標題 2** 樣式。在此我們已經準備好一份 Word 文件 Ch04-03.docx, 您可以自行在 Word 開啟並檢視檔案內容後, 再依下列步驟進行練習。

 檢視完 Word 文件, 請記得將檔案關閉, 否則稍後在 PowerPoint 插入文件時會出現 "無法開啟檔案…" 的訊息。

STEP 01 請在 PowerPoint 中開啟一份新的空白簡報, 或是開啟範例檔案 Ch04-02 來練習。首先切換到**常用**頁次, 再如圖操作:

1 按此鈕

2 執行此命令插入大綱

3 選取本書光碟 Ch04 資料夾

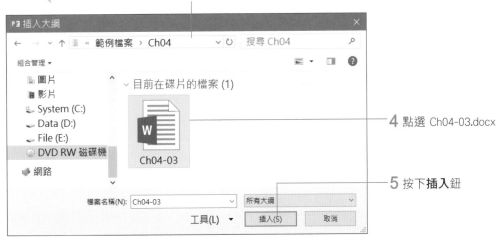

4 點選 Ch04-03.docx

5 按下插入鈕

STEP 02 按下插入鈕後, PowerPoint 會自動將 Word 中套用標題 1 樣式的項目轉換成投影片標題, 且將該標題下的內容獨立成一張投影片。以本例來說, 因為已經在 Ch04-03.docx 中設定了 8 個段落為標題 1, 故轉入 PowerPoint 後會自動轉換成 8 張投影片, 再加上第 1 張標題投影片, 共 9 張投影片:

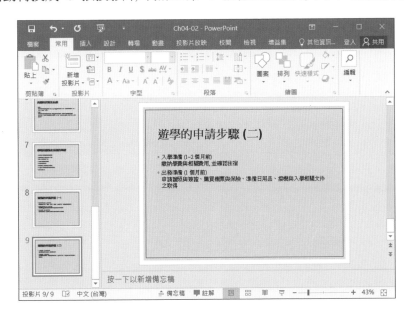

STEP 03 最後只要輸入標題投影片的內容, 例如:"英國遊學說明會", 及副標題 "英倫遊學代辦中心", 其後的內容再加上適當的圖片或圖表來說明, 就可完成一份簡報了。

在「大綱」窗格 編輯投影片內容

在「大綱」窗格編輯投影片的好處是可以快速地建立簡報架構,且文字內容也會同步顯示在投影片中。在建立簡報的初期,很適合用本節介紹的方法先建立簡報的大綱架構,之後再逐頁為投影片進行圖片、表格等美化的工作。

假設我們要製作一份介紹熱門商品的簡報,內容如下:

第 1 頁

美味漢堡

1. 辣味熱狗堡

2. 培根蛋堡

3. 蔬菜火腿蛋堡

第 2 頁

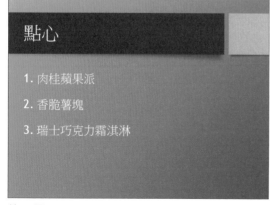

點心

1. 肉桂蘋果派

2. 香脆薯塊

3. 瑞士巧克力霜淇淋

第 3 頁

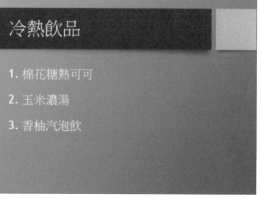

冷熱飲品

1. 棉花糖熱可可

2. 玉米濃湯

3. 香柚汽泡飲

第 4 頁

接著來練習在**大綱**窗格中輸入這份簡報的內容。

STEP 01　請開啟一份空白的簡報檔案, 或開啟範例檔案 Ch04-04 來練習。先切換到**大綱模式**, 再將插入點移至第 1 張投影片圖示的後方, 輸入標題文字 "本季人氣商品大公開":

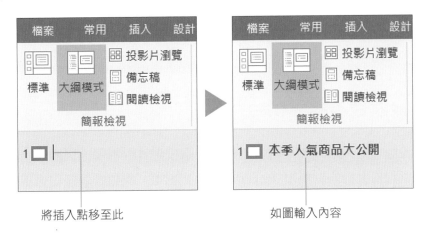

將插入點移至此　　　　　　如圖輸入內容

STEP 02　按下 Enter 鍵, 此時會自動新增一張投影片, 再按一下 Tab 鍵, 就會變成第 1 張投影片的副標題, 然後輸入 "本季銷售排行":

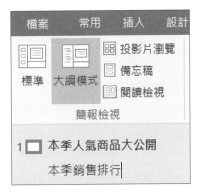

STEP 03　輸入副標題後按下 Enter 鍵, 此時插入點會移至下一行, 請再按一下 Shift + Tab 快速鍵, 將該階層提升成新的投影片, 繼續輸入第 2 張投影片的標題 "美味漢堡"。只要重複以上步驟, 便可一一輸入投影片的內容了。

4-4 檢視簡報的大綱架構

在「大綱」窗格中檢視簡報大綱, 可迅速得知每張投影片的主要內容, 避免一張張切換、檢視的麻煩, 若只想看到每張投影片的標題, 還可以將內容折疊起來, 非常方便。這一節就為您介紹在「大綱」窗格中檢視簡報大綱的技巧。

隱藏與展開所有條列項目

　　為檢視簡報的架構, 我們會需要檢視每張投影片的標題, 以確認重點都已列入其中, 但若投影片的內容很多, 可能得不停的向下捲動才看得完。這時你可以先切換到**大綱模式**, 然後在**大綱**窗格的任一條列項目上按右鈕執行『**摺疊/全部摺疊**』命令, 將投影片標題以下的階層都隱藏起來。請開啟範例檔案 Ch04-05 一起練習操作:

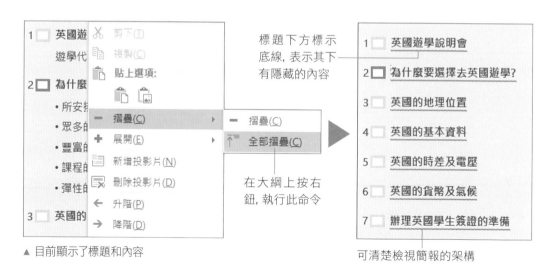

標題下方標示底線, 表示其下有隱藏的內容

在大綱上按右鈕, 執行此命令

▲ 目前顯示了標題和內容

可清楚檢視簡報的架構

　　若想要繼續編輯或檢視每個標題下的內容, 請在**大綱**窗格中任一標題上按右鈕執行『**展開/全部展開**』命令, 所有隱藏的條列項目又會重新出現了。

隱藏與展開部份條列項目

有時候會覺得隱藏全部的條列項目無法參考其中的內容，若全部展開內容又太多，其實只要將內容特別多的投影片摺疊起來，不管是要檢視或編輯其它投影片的內容，都會方便許多。例如範例檔案 Ch04-05 的第 2 張投影片內容較多，我們可以在第 2 張的標題上按右鈕執行『摺疊』命令，將第 2 張投影片的內容隱藏起來：

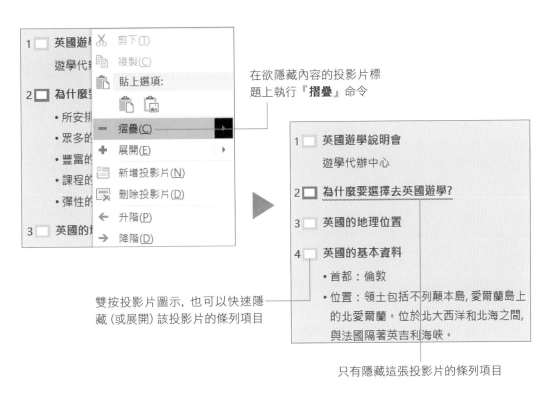

在欲隱藏內容的投影片標題上執行『摺疊』命令

雙按投影片圖示，也可以快速隱藏 (或展開) 該投影片的條列項目

只有隱藏這張投影片的條列項目

我們也可以展開部份投影片的內容，例如你可以先將全部投影片的條列項目隱藏起來，再到要編輯內容的投影片標題上按右鈕執行『展開』命令，以便專心編輯該投影片的內容。

點選任一張隱藏內容的投影片，再按下 Alt + Shift + + 快速鍵，可展開條列項目，反之若是按下 Alt + Shift + - 快速鍵則可隱藏。

4-5 調整大綱階層的升降層級與順序

「大綱」窗格對編輯簡報最有幫助的地方, 莫過於調整條列項目的階層及順序了, 萬一編輯完投影片內容才發現條列項目應該要向上提一層, 或是某個項目要向前移, 都可以在「大綱」窗格中快速做調整。

調整大綱階層

要調整項目的層級, 可以直接拉曳條列項目來升降階層, 或是按下功能區的按鈕來調整, 以下就為您說明這兩種實用的方式。

用「段落」區的「清單階層」鈕升降階層

設定時請將插入點移至欲升降層級的條列項目上, 然後切換到**常用**頁次, 再利用**段落**區的**減少清單階層**鈕 、**增加清單階層**鈕 來升降階層。

- 減少清單階層鈕 ：按一下可往上提升一級, 最高提升到標題層；功能等同於將插入點移至條列項目中, 再按下 Shift + Tab 鍵。

- 增加清單階層鈕 ：按一下可降低階層級；功能等同於將插入點移至條列項目中, 再按下 Tab 鍵。

減少清單階層鈕

增加清單階層鈕

我們來做一個簡單的練習, 你可以利用範例檔案 Ch04-05 來跟著操作：

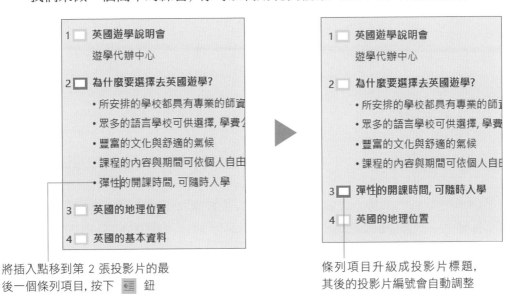

將插入點移到第 2 張投影片的最
後一個條列項目, 按下 ◄ 鈕

條列項目升級成投影片標題,
其後的投影片編號會自動調整

用滑鼠拉曳升降階層

如果覺得用按鈕調整不夠直覺, 也可以直接用滑鼠拉曳的方式來調整, 假設
我們要將 "彈性的開課時間…" 回復成第 2 張投影片的最後一個項目：

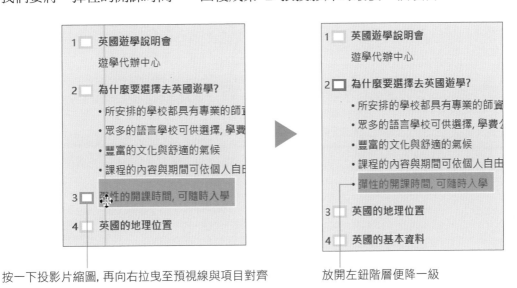

按一下投影片縮圖, 再向右拉曳至預視線與項目對齊

放開左鈕階層便降一級

用滑鼠拉曳時, 向左拉曳可以提升階層, 向右拉曳則是降低階層。

移動階層的上下順序

除了升降層級，也有可能需要調整階層的順序，例如原本應該是在第 3 張投影片的內容，卻不小心輸入到第 4 張去了，就可以直接在**大綱**窗格中調整層級順序。調整的操作同樣有以下 2 種方式。

按下右鈕由選單命令調整階層順序

在欲調整的項目上按右鈕，執行『**上移**』命令可將順序往上調整；執行『**下移**』命令可將順序往下調整：

將插入點移到此處，再按右鈕執行『**上移**』命令

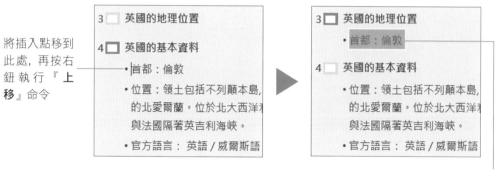

變成上一張投影片的內容

用滑鼠拉曳調整階層順序

我們再改用滑鼠拉曳的方式，將剛才更動的條列項目調整回原來的順序：

按一下此處，再向下拉曳至第 4 張投影片的範圍

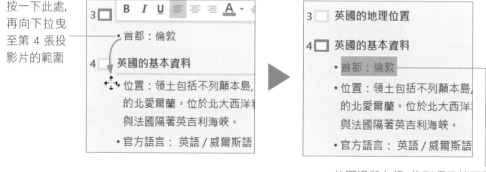

放開滑鼠左鈕，條列項目就下移了

「清單階層」鈕與「滑鼠拉曳」調整階層的差異

使用**段落**區的 及 ，或滑鼠拉曳的方式來升降階層 (或移動順序) 是有差異的。當條列項目之下若有次層條列項目時，使用滑鼠拉曳該階層，其下的次層條列項目會一併調整；但若是使用**清單階層**鈕，則只會升級該條列項目本身。

使用佈景主題統一簡報的視覺風格

美化投影片最迅速的方法，就是套用簡報佈景主題，只要換上佈景主題，投影片從裡到外，包括文字、物件、背景…，整個樣貌都會更新。雖然投影片的文字內容很重要，但簡報的視覺感受也不容忽視。

- 套用簡報佈景主題
- 調整佈景主題的色彩、文字及效果
- 變更投影片背景

5-1 套用簡報佈景主題

簡報佈景主題包括背景圖片、項目符號、文字格式設定、快取圖案的
樣式及色彩, 還有投影片的版面配置 (例如標題投影片的版面配置區) ;
也就是說, 當我們套用佈景主題時, 背景圖片、項目符號⋯都會變更成
佈景主題的預設值, 節省我們自己繪製、搭配的麻煩。

我們先以下圖來看看佈景主題包含哪些內容:

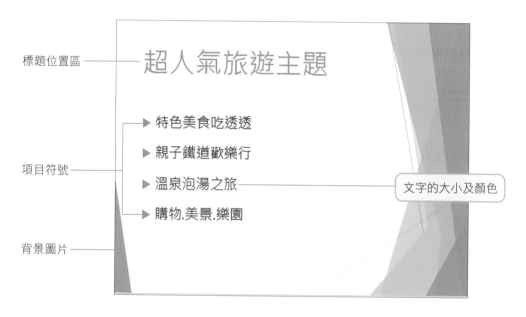

雖然是搭配好的套餐, 當然還是可以自由替換, 您可以參考第 3 章, 在套用
佈景主題後繼續修改文字的格式、項目符號, 或是參考本章稍後介紹的技巧, 更
改色彩配置、背景⋯等。

套用內建的佈景主題

PowerPoint 已事先規劃好多種簡報外觀, 稱為**佈景主題**, 只要直接拿來套
用, 就可以立即為簡報換上美麗的新衣。請先開啟範例檔案 Ch05-01, 然後切換
至**設計**頁次, 在**佈景主題**區按下**其他鈕** , 即可瀏覽所有的佈景主題:

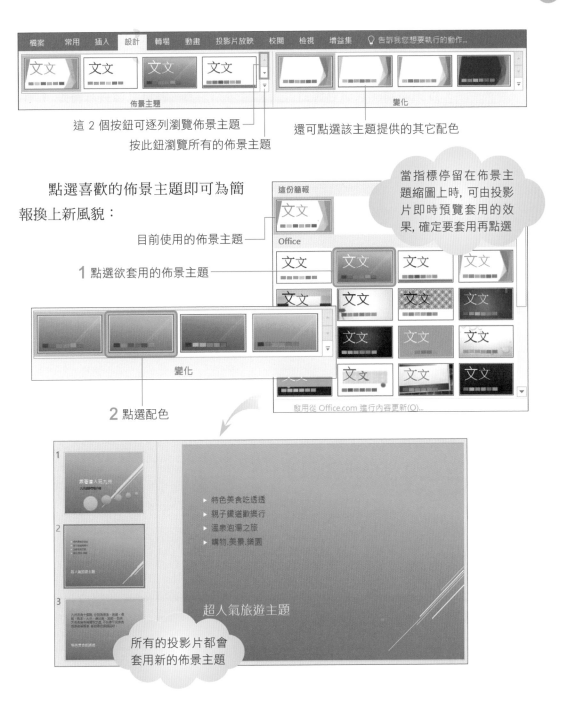

這 2 個按鈕可逐列瀏覽佈景主題

按此鈕瀏覽所有的佈景主題

還可點選該主題提供的其它配色

點選喜歡的佈景主題即可為簡報換上新風貌：

目前使用的佈景主題

1 點選欲套用的佈景主題

當指標停留在佈景主題縮圖上時, 可由投影片即時預覽套用的效果, 確定要套用再點選

2 點選配色

所有的投影片都會套用新的佈景主題

特色美食吃透透
親子鐵道歡樂行
溫泉泡湯之旅
購物,美景,樂園

超人氣旅遊主題

如果覺得效果不佳, 只要重新點選其它的佈景主題, 投影片就會立刻換新裝。除了內建的佈景主題外, 還可以下載 Office.com 網站上的佈景主題來使用, 請參考 3-5 頁的說明。

套用自己準備的佈景主題

你也可以使用自己準備的佈景主題，例如市面上販售的簡報範本、自己製作的佈景主題，或本書光碟中附贈的佈景主題。請切換至**設計**頁次，在**佈景主題**區內按下**其他**鈕 ，然後執行選單下方的『**瀏覽佈景主題**』命令：

1 執行此命令

2 切換至儲存佈景主題的資料夾

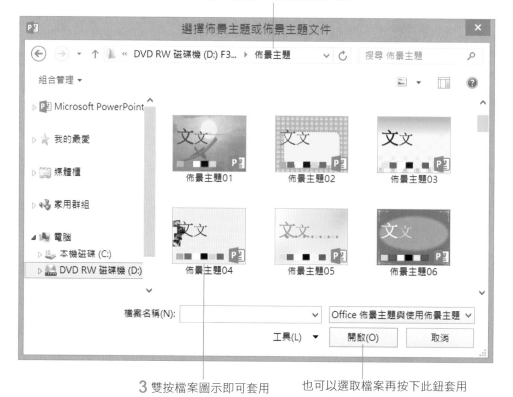

3 雙按檔案圖示即可套用　　也可以選取檔案再按下此鈕套用

　　本書光碟中附贈了許多佈景主題，若想將這些佈景主題加入到**佈景主題**列示窗，可將佈景主題檔案複製到 "C:\Users\（使用者名稱）\AppData\Roaming\Microsoft\Templates\Document Themes" 資料夾內：

1 搭配 Ctrl 或 Shift 鍵選取多個檔案，或按下 Ctrl + A 鍵選取全部的檔案，再按下 Ctrl + C 鍵複製

2 按下 Ctrl + V 鍵將檔案複製到此資料夾（完整路徑請參閱上文）

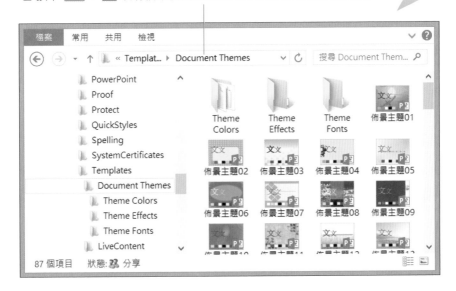

　　若**使用者名稱**資料夾下沒有看到 AppData 資料夾，請先在**檔案總管**中按下 Alt 鍵執行『**工具/資料夾選項**』命令，切換到**檢視**頁次再勾 選**顯示隱藏的檔案、資料夾及磁碟機**項目。

複製完成後，我們來看看佈景主題是否已正確地匯入**佈景主題**區內，請按下**設計**頁次**佈景主題**區的**其他鈕** ：

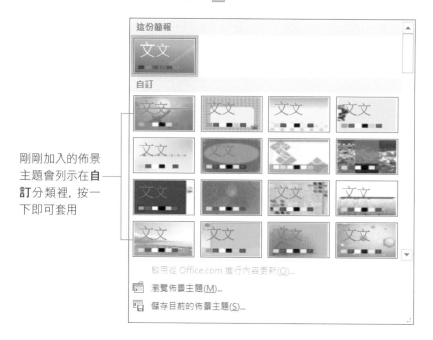

剛剛加入的佈景主題會列示在**自訂**分類裡，按一下即可套用

若要刪除自訂的主題，請在佈景主題上按右鈕執行『**刪除**』命令，但內建的佈景主題不可刪除：

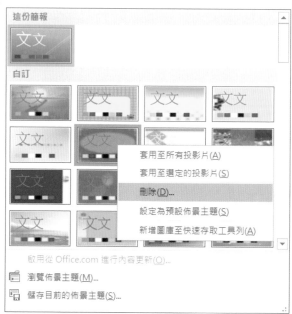

5-2 調整佈景主題的色彩、文字及效果

每一種簡報佈景主題都有自己的主題色彩, 舉凡投影片的背景、標題文字, 甚至物件的框線、填滿區域都有其預設色彩, 如果想要換個顏色, 又對配色不拿手, 不如直接套用配好的顏色組合, 通常會有不錯的效果哦!

更換佈景主題色彩

對於佈景主題的色彩不滿意時, 可利用現成的配色變換風格。請重新開啟範例檔案 Ch05-01:

▌ 為方便檢視填滿色彩的差異, 請切換至第 1 頁

2 切換至**設計**頁次, 在**變化**區按下 ▼ 鈕再執行『**色彩**』命令

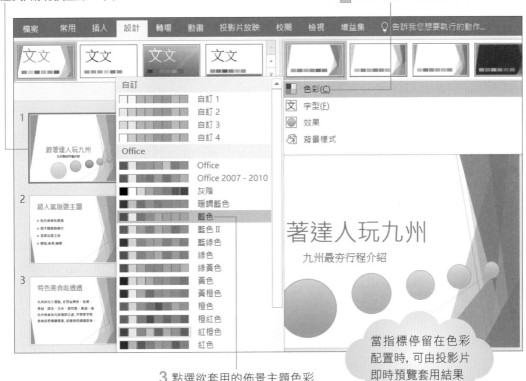

3 點選欲套用的佈景主題色彩

當指標停留在色彩配置時, 可由投影片即時預覽套用結果

所有投影片都套用了新的佈景主題色彩

　　若是單獨變更某張投影片的配色，可讓該張投影片在眾多的內容中更突顯。我們以第 2 張投影片為例，請先選取第 2 張投影片並切換至**設計**頁次，在**變化**區內按下**其他**鈕選擇**色彩**命令，在欲套用的配色上按右鈕執行『**套用至所選的投影片**』命令：

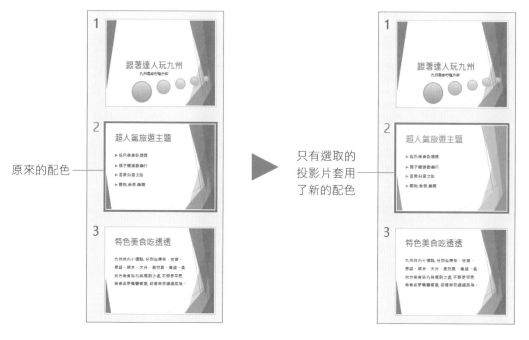

原來的配色

只有選取的
投影片套用
了新的配色

複製佈景主題色彩

同一份簡報可視需要套用多個不同的佈景主題色彩。如果對於某張投影片的佈景主題色彩很滿意，想繼續套用至另一張投影片，但又不知道該色彩的名稱，就可利用複製的方式來迅速達成。

假設我們要將第 2 張投影片的配色，套用到第 3 張投影片，只要利用左邊的**投影片**窗格就可以完成複製，請接續上例並如下操作：

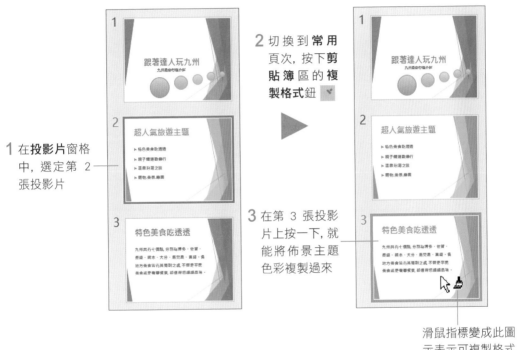

1 在**投影片**窗格中，選定第 2 張投影片

2 切換到**常用**頁次，按下**剪貼簿**區的**複製格式**鈕

3 在第 3 張投影片上按一下，就能將佈景主題色彩複製過來

滑鼠指標變成此圖示表示可複製格式

 若是不同的簡報檔案要套用彼此的色彩配置，也可以利用這個方式來完成。

自訂佈景主題色彩

假如您有一套自己的配色喜好，或是需要搭配固定的顏色來製作簡報，也可以自行調配顏色。請在**變化**區按下 ▾ 鈕再執行『**色彩**』命令，然後點選下方的『**自訂色彩**』命令：

按此箭頭會出現色彩選單,
可自行選擇想要的顏色

預覽框會顯示變
更色彩後的結果

按下**儲存**鈕即可看到變
更後的佈景主題色彩

若目前簡報已套用
多個佈景主題, 自
訂佈景主題色彩後
將會套用至所有的
投影片。

想要重新配置時, 可按
此鈕還原為預設的配色

若要儲存配色, 可在此
替色彩輸入自訂名稱

🗄 為什麼需要自訂色彩

簡報佈景主題所搭配的顏色, 基本上都有不錯的效果！但有些公司會有自己的配色法
則, 例如 7-11 便利超商的招牌, 是由白、綠、橘、紅這 4 個顏色組成, 需要使用這樣
的配色原則來製作簡報時, 與其想要從現成的佈景主題或配色中找到符合風格的設計,
不如手動設定更來得有效率。

快速變更文字與物件的樣式

佈景主題的字型跟圖案的樣式, 都可以利用**設計**頁次**變化**區的**字型**鈕及**效果**
鈕來變更。以下接續上例來練習, 請切換至標題投影片 (第 1 張投影片), 再切換
至**設計**頁次, 如下練習變更字型與圖案的操作:

1 在**變化**區按下 ⊟ 鈕執行『**字型**』命令

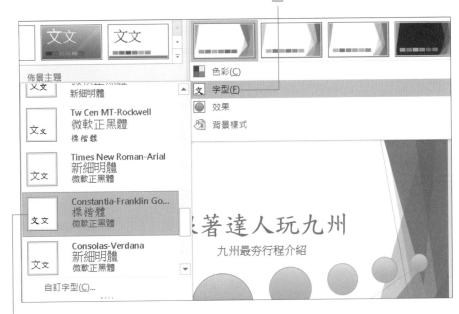

2 選此項將標題文字
改成「標楷體」

3 在**變化**區按下 ⊟ 鈕執行『**效果**』命令

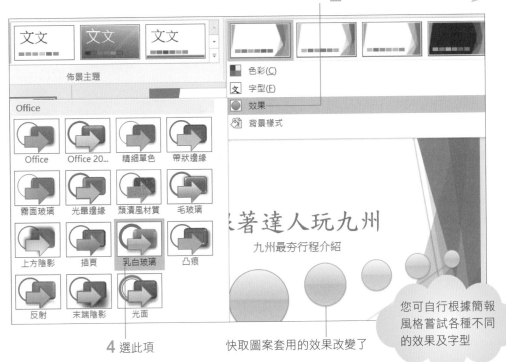

4 選此項

快取圖案套用的效果改變了

您可自行根據簡報
風格嘗試各種不同
的效果及字型

5-3 變更投影片背景

在上一節介紹的「建立新的佈景主題色彩」交談窗中, 我們可以自由調配投影片的背景顏色, 而現在要為您說明變化背景的技巧, 例如填入自選的圖片、套用材質做為背景…等, 讓簡報更有特色。以下利用範例檔案 Ch05-01 的第 3 張投影片, 來練習變更投影片的背景。

套用現成的背景樣式

若想快速變更背景樣式, 請按下**設計**頁次**變化**區的 <kbd>▾</kbd> 鈕, 執行『**背景樣式**』命令, 這裡提供多種樣式讓您做選擇, 而且不只變更背景樣式, 文字格式也會配合該背景樣式做適度的變化：

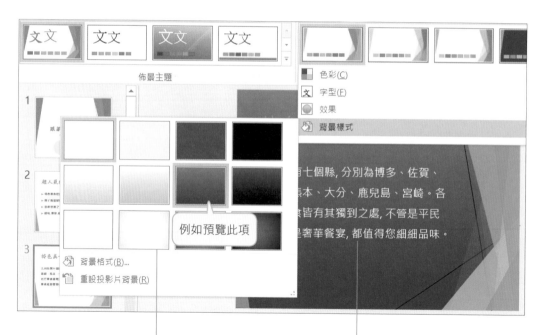

指標停留在某樣式上時, 投影片會即時呈現套用結果

文字色彩由黑色變更為白色

按下要套用的樣式, 就會套用至該簡報的所有投影片；若只想改變選取的投影片背景, 請在縮圖上按右鈕, 執行『**套用至所選的投影片**』命令。

自訂投影片背景

　　如果覺得背景樣式的選擇太少，還可以按下**自訂**區的**背景格式**鈕，挑選更多的樣式：

可切換到不同頁次變化效果、校正顏色 (稍後說明)

3 按下**關閉**鈕套用至選取的投影片

1 此例我們來試試**圖片或材質填滿**的效果

2 選擇**羊皮紙**效果

若圖片顏色太重，可適度調整透明度，讓文字清楚可見

若要套用到所有的投影片上，請按下此鈕

投影片大小　背景格式

自訂

背景格式

▲ 填滿

- ○ 實心填滿(S)
- ○ 漸層填滿(G)
- ● 圖片或材質填滿(P)
- ○ 圖樣填滿(A)
- ☐ 隱藏背景圖形(H)

圖片插入來源

檔案(F)...　　剪貼簿(C)　　線上(E)...

材質(U)

透明度(T)　　　0%

☑ 將圖片砌成紋理(I)

位移 X(O)　　　0 pt

全部套用(L)　　重設背景(B)

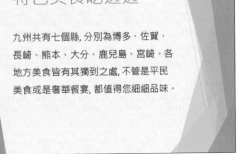

▲ 套用前

▲ 套用後的效果

「隱藏背景圖形」選項的作用

在**背景格式**窗格中的**填滿**區, 還有一個**隱藏背景圖形**選項, 其作用是當投影片的背景含有圖形時, 可選擇是否要顯示圖形, 勾選表示要隱藏圖片, 只顯示背景樣式 :

特色美食吃透透

九州共有七個縣, 分別為博多、佐賀、長崎、熊本、大分、鹿兒島、宮崎。各地方美食皆有其獨到之處, 不管是平民美食或是奢華餐宴, 都值得您細細品味。

▲ 原來的佈景主題含有背景圖形

特色美食吃透透

九州共有七個縣, 分別為博多、佐賀、長崎、熊本、大分、鹿兒島、宮崎。各地方美食皆有其獨到之處, 不管是平民美食或是奢華餐宴, 都值得您細細品味。

▲ 不顯示背景圖形, 只顯示背景樣式 (勾選**隱藏背景圖形**項目)

用自己的圖片做為背景圖

　　有時候也會想使用自己喜歡的圖片，或需要用公司的 Logo 做為投影片的背景，請同樣切換到**設計**頁次，按下**背景格式**鈕來設定。

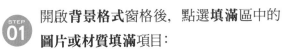 開啟**背景格式**窗格後，點選**填滿**區中的**圖片或材質填滿**項目：

1 按下此鈕選取電腦中的圖片或相片

2 選取要設定為背景的相片

3 按下此鈕

STEP 02 設定之後可套用至目前選取的投影片；若按下**背景格式**窗格中的**全部套用**鈕可套用至簡報中的所有投影片。

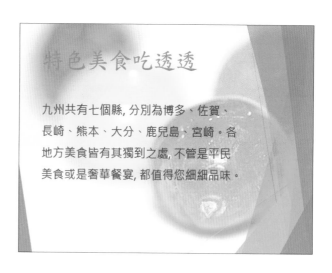

為背景圖片套用特殊影像效果

　　想讓背景呈現有別於一般照片的效果，可為照片套用 PowerPoint 提供的美術效果。請再次開啟**背景格式**窗格，切換到**效果**頁次，按下**美術效果**鈕就會看到 PowerPoint 提供的所有特殊效果：

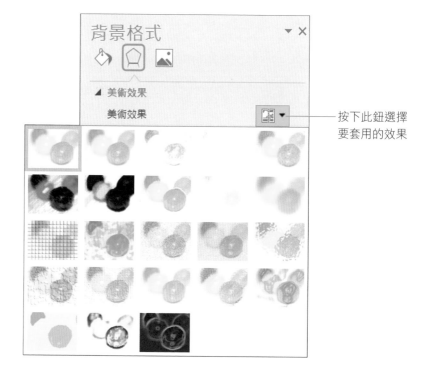

按下此鈕選擇要套用的效果

若要重新設定背景，請按下**重設背景鈕**；按下**關閉鈕** ✕ 可將效果套用至選取的投影片，或按下**全部套用鈕**套用至所有的投影片。以下是套用**模糊**及**蠟筆平滑效果**的示範。

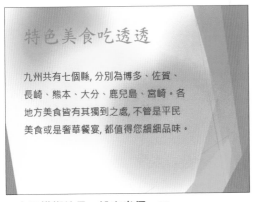

▲ 套用**模糊**效果；設定**半徑**：60

▲ 套用**蠟筆平滑效果**；設定**透明度**：0，**縮放比例**：100

調整背景圖片的亮度與色彩

若擔心相片的色彩太強烈，導致文字看不清楚，不用開啟影像編輯軟體編修相片，直接在窗格調整即可。

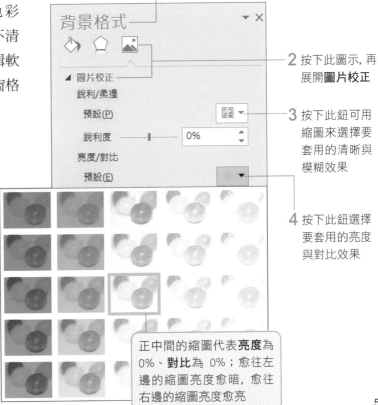

1 開啟**背景格式**窗格

2 按下此圖示，再展開**圖片校正**

3 按下此鈕可用縮圖來選擇要套用的清晰與模糊效果

4 按下此鈕選擇要套用的亮度與對比效果

正中間的縮圖代表**亮度**為 0%、**對比**為 0%；愈往左邊的縮圖亮度愈暗，愈往右邊的縮圖亮度愈亮

接著再展開**圖片色彩**，來調整圖片的顏色：

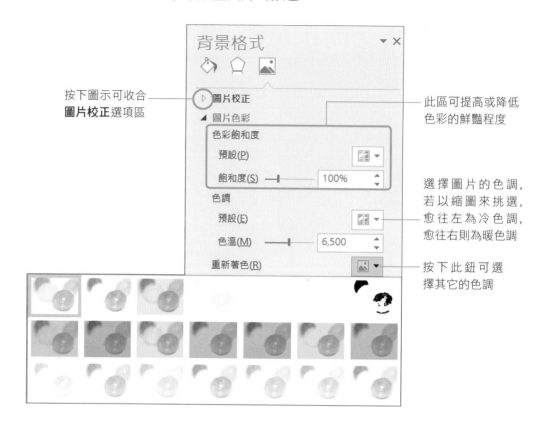

按下圖示可收合
圖片校正選項區

此區可提高或降低
色彩的鮮豔程度

選擇圖片的色調，
若以縮圖來挑選，
愈往左為冷色調，
愈往右則為暖色調

按下此鈕可選
擇其它的色調

設定完成請按下**關閉**鈕 ✕ ，效果會套用至所選的投影片；若要套用至整份
投影片，請按下**全部套用**鈕。

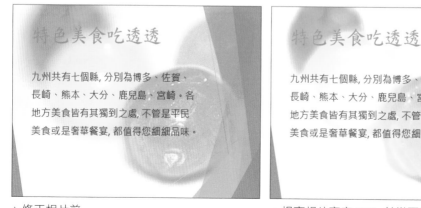

▲ 修正相片前

▲ 提高相片亮度 20%，並變更為暖色調

在一份簡報中套用
多個佈景主題

當你想要突顯某張投影片的內容，也可以單獨為該張投影片套用不同的佈景主題；或是在一份簡報中套用多個佈景主題，使一份簡報擁有多種風貌。請重新開啟範例檔案 Ch05-01，假設我們要為第 2 張投影片套用另一個佈景主題：

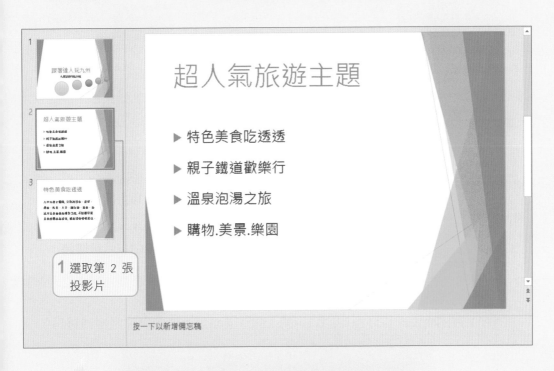

1 選取第 2 張投影片

2 切換至**設計**頁次，並按下**佈景主題**區的**其他鈕** ▾

3 在欲套用的佈景主題上按右鈕, 選
擇『**套用至選定的投影片**』命令

可由此看出該簡報共套用了兩種佈景主題

6

調整投影片的
版面配置

我們可以依據投影片的內容、想要的
版面呈現,來更換不同的版面配置、
調整各配置區的大小、角度及位置,
隨心所欲調整投影片的版面配置。

- 劃分版面的投影片版面配置

- 變更投影片的版面配置

- 調整版面配置區至適當的大小
  與位置

- 刪除配置區與重設版面配置

6-1 劃分版面的投影片版面配置

PowerPoint 提供多種投影片版面配置供我們套用，每一種版面配置都已經規劃好放入物件的位置。我們可以在新增投影片時，直接挑選適合的版面配置來套用，然後依劃分的版面配置區輸入資料，就可以同時完成投影片的內容以及安排版面的工作。

請建立一個新的空白簡報，然後在**常用**頁次的**投影片**區按下**新增投影片**鈕的下方按鈕開啟**版面配置庫**，其中就是 PowerPoint 所提供的版面配置：

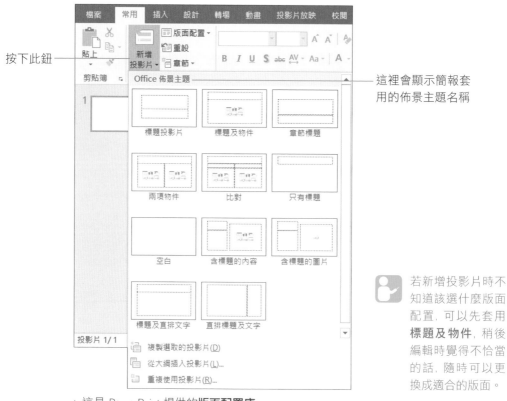

按下此鈕

這裡會顯示簡報套用的佈景主題名稱

若新增投影片時不知道該選什麼版面配置，可以先套用**標題及物件**，稍後編輯時覺得不恰當的話，隨時可以更換成適合的版面。

▲ 這是 PowerPoint 提供的**版面配置庫**

我們可以從版面配置的縮圖，大致判斷出所需要的版面配置，例如要條列簡報的內容大綱，通常會選擇**標題及物件**版面配置；若要同時對照兩張圖片或圖表，則**兩項物件**或**比對**這兩個版面配置都很適合；如果想要自己安排資料的位置，可選擇**空白**版面。

　　在投影片上劃分出來的資料位置稱為**版面配置區**（或簡稱**配置區**）。配置區有兩個作用：一是協助輸入資料，每個配置區內都有提示說明，或插入物件的功能按鈕，只要依照這些提示就能輕鬆完成輸入資料的工作；另一個功用就是方便我們安排及調整投影片的版面。PowerPoint 的版面配置區可細分成多種，若以 "類型" 來區分的話，則可分成下列 2 種類型：

● 文字：這類配置區可協助我們輸入文字資料，下圖都是屬於文字類的配置區，只是配置區位置不同而已。

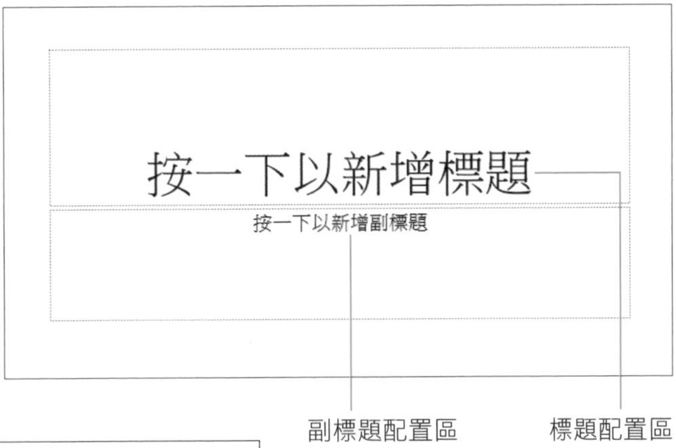

按一下以新增標題

按一下以新增副標題

▶ **標題投影片**版面配置

副標題配置區　　　　標題配置區

按一下以新增標題

按一下以新增文字

文字配置區

◀ **章節標題**版面配置

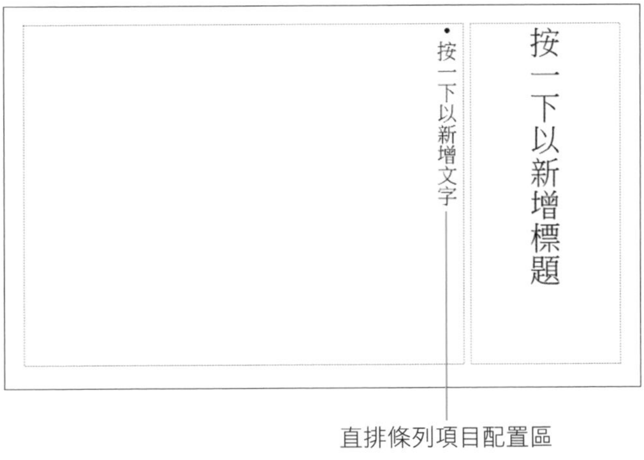

按一下以新增標題

按一下以新增文字

▶ **直排標題及文字**
版面配置

直排條列項目配置區

● 綜合：這類配置區可讓我們選擇輸入文字或插入各式物件，包括：**表格、圖片、圖表、美工圖案、SmartArt、視訊**。

▲ **標題及物件**版面配置

▲ **兩項物件**版面配置

◀ **含標題的內容**版面配置

6-2 變更投影片的版面配置

編輯投影片時，若覺得當初所選的版面配置不恰當，可以立即進行變更，即使已經輸入資料了也沒關係，因為已輸入的資料在變換版面後會自動重新編排。

請開啟範例檔案 Ch06-01，並切換到第 2 張投影片，當初插入這張投影片時套用的是**標題及物件**版面配置，現在我們想更換成**兩項物件**版面配置，以便稍後能夠在投影片的右側插入一張圖片。

STEP 01 請先切換到欲更換版面配置的投影片，如本例請切換到第 2 張投影片。

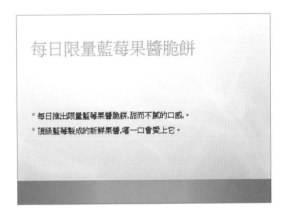

STEP 02 切換到**常用**頁次，然後按下**投影片區**的**版面配置**鈕，在這裡可以看到和新增投影片時一樣的**版面配置庫**。

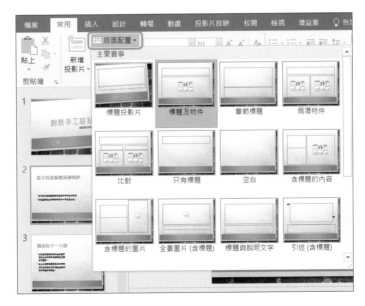

STEP 03 在**版面配置庫**中點選欲更換的版面配置，此例我們點選**兩項物件**版面配置，點選之後，第 2 張投影片馬上就換成**兩項物件**版面配置。

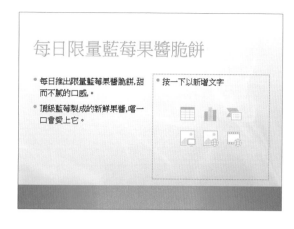

STEP 04 按下版面配置區的**圖片鈕** ，再從**插入圖片交談窗**選取要放入其中的圖片，並按下**插入鈕**：

更多插入各類物件的方法，請參考第 3 篇的內容。

　　更換版面配置並不會影響投影片上原有的資料內容，所以在編輯投影片的過程中，只要覺得版面配置不理想，隨時可以利用上述的方法變更投影片的版面配置。

6-3 調整版面配置區至適當的大小與位置

雖然投影片套用的版面配置已經劃分出所需要的版面配置區, 但有時候還是希望可以再調整一下配置區的大小、位置, 例如將標題的配置區移到投影片的左下方、把文字配置區調大一點、圖片配置區要小一點…等, 這些問題我們都可以自己來手動調整。

調整配置區的大小

欲調整配置區的大小, 首先用滑鼠按一下配置區內的空白處, 此時配置區周圍會出現框線以及 8 個控點, 若點在包含物件的配置區 (例如圖片), 則會出現實線框。接著將滑鼠指標移至任一個控點上, 待指標變成雙箭頭狀後開始拉曳, 即可調整配置區的大小。

請繼續利用範例檔案 Ch06-01 第 3 張投影片來進行以下的練習, 先按一下右側的配置區:

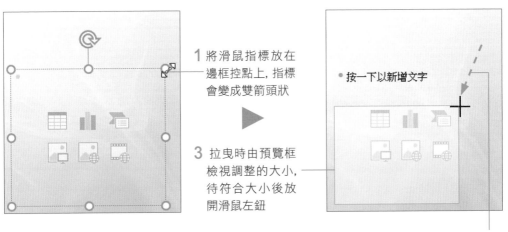

1 將滑鼠指標放在邊框控點上, 指標會變成雙箭頭狀

3 拉曳時由預覽框檢視調整的大小, 待符合大小後放開滑鼠左鈕

2 按住左鈕拉曳控點

若要維持配置區的寬、高比例來調整大小, 請先按住 Shift 鍵再拉曳角落控點 (圓形控點) 來調整大小。

這一節我們調整的對象是 "空白" 的版面配置區, 假如配置區中已輸入資料, 則配置區的屬性會被資料的屬性所取代. 例如輸入文字後, 便代以文字方塊的屬性; 輸入表格物件, 便代以表格的屬性. 此時所做的調整並不是調整配置區本身而是調整物件。

旋轉版面配置區

當我們按一下配置區內的空白處時, 除了會出現控點外, 在頂端的地方還會出現一個圓形控點, 這個就是旋轉控點。將滑鼠指標放在旋轉控點上, 然後按住滑鼠左鈕拉曳控點, 就可以設定版面配置區的角度。

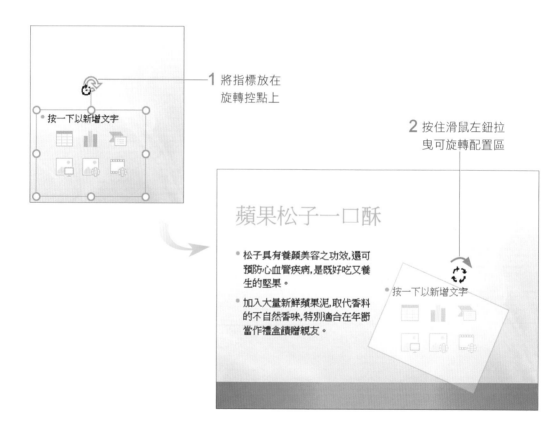

1 將指標放在旋轉控點上

2 按住滑鼠左鈕拉曳可旋轉配置區

配置區旋轉了角度後, 會讓投影片的版面看起來更生動、有趣, 之後在配置區中所輸入的資料也會呈現相同的旋轉角度。

表格、圖表等物件, 不會隨配置區旋轉角度

除了文字、圖片、美工圖案等資料外, 其它物件並不支援旋轉設定。假如我們先將配置區旋轉角度, 然後分別再到配置區中插入圖片和表格, 會得到以下兩個不同的結果:

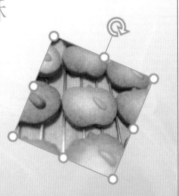

蘋果松子一口酥

- 松子具有養顏美容之功效,還可預防心血管疾病,是既好吃又養生的堅果。

- 加入大量新鮮蘋果泥,取代香料的不自然香味,特別適合在年節當作禮盒饋贈親友。

更多圖片的編輯技巧, 請參考第 9 章的介紹。

▲ 圖片也會跟著旋轉

蘋果松子一口酥

- 松子具有養顏美容之功效,還可預防心血管疾病,是既好吃又養生的堅果。

- 加入大量新鮮蘋果泥,取代香料的不自然香味,特別適合在年節當作禮盒饋贈親友。

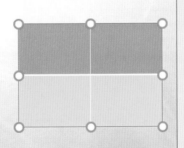

關於表格的相關操作, 我們將在第 8 章說明。

▲ 插入不支援旋轉的物件, 例如表格, 物件將會自動轉正

搬移版面配置區

若配置區的位置不理想，我們也可以手動調整。首先仍是用滑鼠按一下配置區內的空白處，顯示配置區四周的邊框及控點，接著將滑鼠指標指在框線上，待指標變成 狀，再按住滑鼠左鈕拉曳框線，即可移動整個版面配置區：

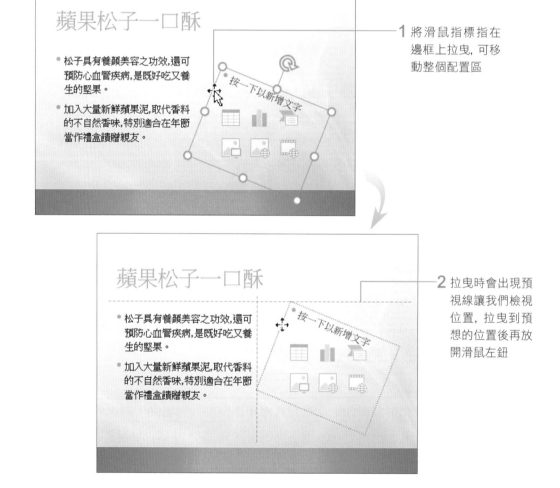

1 將滑鼠指標指在邊框上拉曳，可移動整個配置區

2 拉曳時會出現預視線讓我們檢視位置，拉曳到預想的位置後再放開滑鼠左鈕

一次搬移多個配置區

若要同時搬移多個配置區，請先點選第一個配置區，按住 Shift 鍵再點選其它的配置區，待要搬移的配置區都選取之後，拉曳其中一個配置區的框線即可同時移動這些配置區。

6-4 刪除配置區與重設版面配置

當配置區中沒有輸入內容時, 播放簡報並不會看到配置區, 但如果在編輯時覺得多餘的配置區會干擾畫面, 我們也可以手動將其刪除。而調整了配置區的大小、位置後, 若想重新再回復到原來的版面配置, 也可以輕鬆做到。

刪除配置區

如果投影片上有未使用到的配置區, 那我們可以將它刪除。請接續範例檔案 Ch06-01 的練習, 先切換到第 4 張投影片, 目前套用的版面配置為**兩項物件**, 不過右側的配置區似乎用不到, 所以我們將它刪除吧!

STEP 01 首先用滑鼠點一下配置區內的空白處, 若配置區周圍出現的是虛線框, 請再按一下 F2 鍵, 將虛線框變成實線框, 這樣才是選取整個配置區。

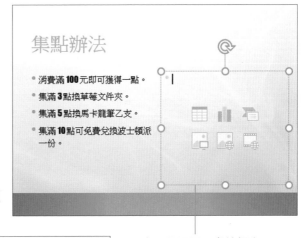

按 F2 鍵

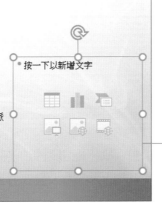

當配置區顯示**虛線框**表示目前是文字編輯狀態

當配置區顯示**實線框**才是選取配置區的狀態

6-11

STEP 02 選取配置區後，接著按下 Delete 鍵，該配置區即被刪除。

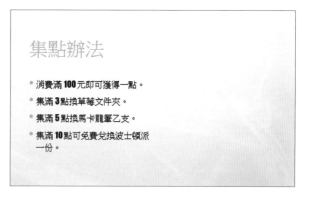

回復到最初的版面配置

調整或刪除版面配置區後，如果想回復到最初的版面配置，只要一個動作就可解決了。假設我們想將剛才刪除配置區的版面回復，請切換到欲重設的投影片：

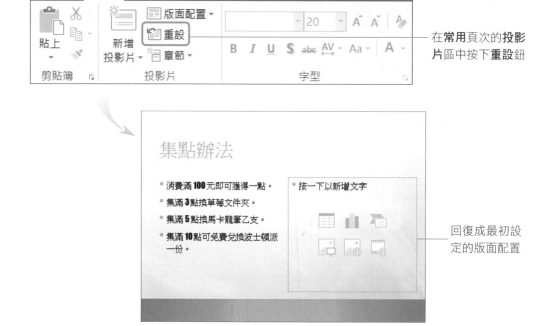

在**常用**頁次的**投影片**區中按下**重設**鈕

回復成最初設定的版面配置

在這一章我們學會了投影片版面配置的調整，下一章我們要告訴各位如何打造個人風格的簡報範本，以提高投影片的製作效率。

CHAPTER

7

用母片打造
個人風簡報

「母片」是簡報的主體架構, 它包含了
文字及物件的配置、背景設計和色彩佈
景主題等, 讓投影片能有所依循。想要
快速統一投影片的格式, 學會使用「母
片」會讓你製作簡報更有效率。

- 認識母片與投影片的關係
- 利用母片一次統一所有投影片格式
- 新增與刪除投影片版面配置
- 將自訂母片儲存成佈景主題或範本
- 在一份簡報中使用多組母片

7-1 認識母片與投影片的關係

「母片」乍看和前幾章的投影片並無不同，但它並非用來輸入簡報內容，而是用來調整投影片的外觀。母片也可以說是投影片的「版型」，在母片裡安排好文字及物件的配置、背景設計和色彩等，投影片便會自動依循母片的設定統一格式。

投影片與母片的對應關係

請開啟一份空白簡報，目前工作區就是我們熟悉的「投影片」，即輸入內容、進行投影片編輯的場所；再切換至**常用**頁次按下**投影片**區的**新增投影片**鈕下半部，開啟**版面配置庫**，其中會列出所有的版面配置：

空白簡報的第 1 張投影片會套用**標題投影片**版面配置

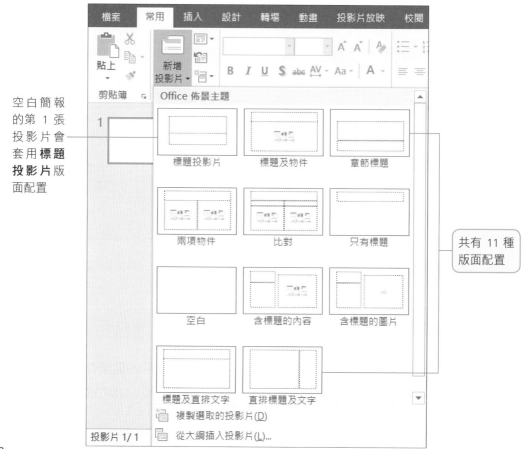

共有 11 種版面配置

　　接著馬上來體驗投影片與母片的對應關係。請切換至**檢視**頁次，按下**母片檢視**區的**投影片母片**，切換至**母片檢視**模式，在左窗格我們會看到一組投影片母片，第 1 張稱為**投影片母片**，其它則是包含於該**投影片母片**的**版面配置**。

按下此鈕切換至**母片檢視**模式

標題投影片版面配置, 第 1 張投影片就是繼承此版面配置

▲ **母片檢視**模式

這裡也會看到 11 種版面配置

　　母片的版面配置，與剛剛在**版面配置庫**中看到的版面配置一樣，都是 11 種，而且只要母片的版面配置有所變動，也會反應到投影片可選擇的版面配置上（稍後 7-3 節會有相關操作說明）。

母片對投影片的影響力還不僅止於這些，只要在母片做好設定，投影片的背景樣式、文字格式、物件安排、…等都可以一併變化，可謂「牽一髮而動全身」。當簡報包含了多張投影片，且需要統整其一致性時，使用母片可讓你事半功倍。

投影片母片與版面配置的繼承關係

這裡來介紹一下「母片組」，讓你更清楚母片與投影片配置的繼承關係。**母片組**包含一張**投影片母片**及簡報所有的**版面配置**。左窗格的第 1 張縮圖，就是母片組的源頭，名稱是**投影片母片**，若修改其中的背景、文字顏色等，將會影響到其下所有的版面配置，並影響到套用版面配置的投影片，也就是說，整份投影片都會跟著產生變化。

反過來說，投影片的樣子來自於其套用的**版面配置**，而**版面配置**的長相則源自於**投影片母片**。因此當你需要統整投影片時，只要修改統籌所有版面配置的**投影片母片**，其下的**版面配置**就會繼承下來，再傳給投影片。

我們再將這樣的繼承關係與使用時機整理成如下圖表：

投影片母片	統籌所有**版面配置**的大方向, 需要套用到所有投影片的格式設定, 可先變更**投影片母片**
投影片母片其下的版面配置	可針對特殊的版面配置做修改, 當投影片套用到該版面配置, 就會呈現出設定的樣子
投影片	套用了**投影片母片**的樣式及設定, 再繼承**版面配置**的設定, 若仍有不足, 還可在投影片上做調整, 此時將不影響其它投影片

「版面配置」與「版面配置區」的區別

為避免您有所混淆, 我們再將**版面配置**及**版面配置區**兩個名詞做個釐清。**版面配置**是用來決定投影片版面與格式設定, 屬於**投影片母片**的一部分；而**版面配置區**是用來放置標題、內文、SmartArt 圖形、圖表等物件的配置區, 屬於**版面配置**的一部分。

虛線方框是包含在**標題投影片**版面配置中的標題及副標題**版面配置區**

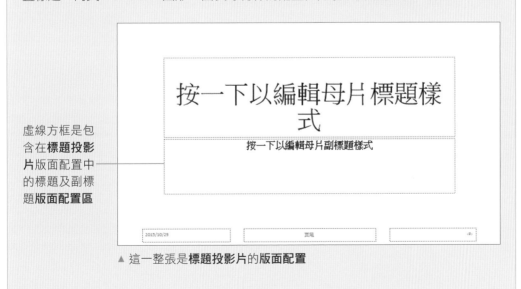

按一下以編輯母片 標題樣式

按一下以編輯母片副標題樣式

2015/10/29　　　頁尾

▲ 這一整張是**標題投影片**的版面配置

7-2 利用母片一次統一所有投影片格式

我們前面學過,可直接在投影片調整版面、文字格式及背景等,但是當簡報包含多張投影片時,一張張修改的動作實在太麻煩了。如果想要一次變更簡報中所有投影片的格式,使用母片是最有效率的方法。

利用母片統一修改整份簡報的文字格式

　　範例檔案 Ch07-01 是一份已經套用佈景主題的簡報,我們想變更標題的文字顏色和字型,若直接在投影片上修改,需要手動替 6 張投影片做變更;若直接修改母片,則只要設定一次就能改好所有的投影片。

STEP 01 開啟檔案後切換至**檢視**頁次,按下**母片檢視**區的**投影片母片**鈕,切換至**母片檢視**模式:

▲ **母片檢視**模式

STEP 02 假設要將標題文字改為藍色，再變更字型，請先選取**投影片母片**的標題，然後切換至**常用**頁次，利用**字型**區的工具鈕來設定格式：

1 選取**投影片母片**　　3 變更字型、大小、顏色及加粗　　2 按一下框線以選取標題配置區

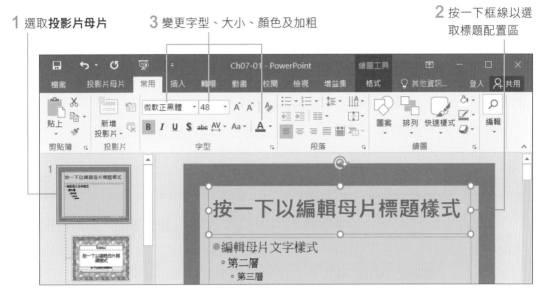

STEP 03 設定好後，請按下主視窗右下角的 田田 鈕，切換至**投影片瀏覽**模式，就會看到整份簡報的改變：

▲ 改變**投影片母片**就能一次變更所有投影片的設定

> 不只是標題，若要改變其他文字格式，例如副標題、內容、⋯等，方法也都相同

 此時插入新投影片，也會直接套用相同的標題格式。

投影片未遵循母片的格式？

若您更改了母片的外觀格式 (如字型色彩、背景顏色)，結束**母片檢視**模式卻發現某幾張投影片的格式沒有跟著變動，這表示您曾單獨對該投影片手動變更過格式。

例如原本在**標題投影片**版面配置 (母片) 將標題文字設定為紅色，但事後直接在**標題投影片**上將文字改成藍色，那麼其優先權就會高於母片，即使日後母片文字換了顏色，該投影片的文字仍會維持藍色。若想讓投影片重新套用母片的格式設定，請在**標準模式**中選取該張投影片縮圖，接著按右鈕執行『**重設投影片**』命令。

在母片中變更背景圖案的顏色

在投影片上，背景圖案總是看得到摸不著，那是因為背景圖案屬於母片的一部份，無法直接從投影片中編輯，可是換到**母片檢視**就不同了，我們可以在母片中任意變更背景圖案的內容、色彩，甚至增加、刪減背景圖案。接續上例，假設我們要為背景圖案填入不同的顏色：

STEP 01 請切換至**母片檢視**並點選**投影片母片**，在想要調整的背景圖案上按一下滑鼠左鈕，選取該圖案：

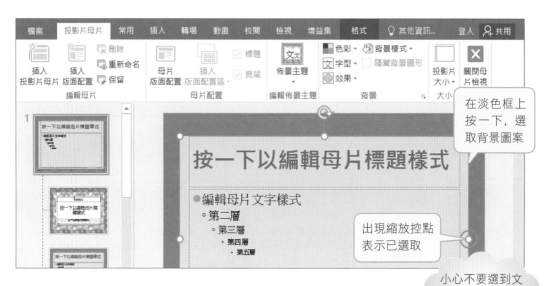

有些佈景主題的背景圖案已建立成群組，若要個別調整，請再按一下群組中的圖案才能選取。

STEP 02 選取背景圖案後，接著就可調整圖案的色彩、大小，或按下 Delete 鍵刪除背景圖案。此例我們要變更顏色，請切換至**繪圖工具/格式**頁次，按下**圖案樣式**區的**圖案填滿鈕**：

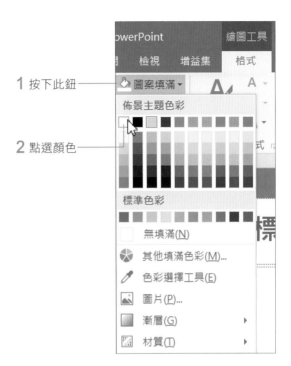

STEP 03 設定好後請按下 ⊞ 鈕切換到**投影片瀏覽**模式，觀看整份簡報的改變：

▲ 除了標題投影片外，其他投影片的背景圖案顏色全都改變了

變更特定版面配置的背景圖樣

如果想讓簡報中套用特定版面的幾張投影片，擁有不同的背景圖樣，我們也可以在**母片檢視**中設定，省去一張張尋找、套用背景的設定動作。假設要強調套用**兩項物件**版面配置的投影片，就替這個版面配置換個背景顏色吧！

STEP 01 同樣接續上例來練習，請切換到**母片檢視**模式，再按一下**兩項物件**版面配置：

找到此版面配置再按一下選取

指標移到縮圖上稍作停留，就會看到第 3、4 張投影片使用的是此版面配置

STEP 02 在**投影片母片**頁次按下**背景**區的**背景樣式**鈕，從中選擇想要套用的背景圖案：

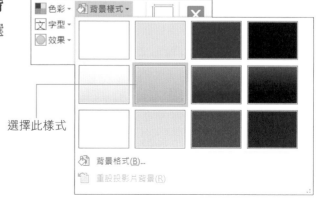

選擇此樣式

STEP 03 按下主視窗右下角的 鈕切換到**投影片瀏覽**模式，就會看到只有第 3、4 張投影片的背景變成淡藍色。

如果要回復佈景主題最初設定的格式，只要再重新套用一次相同的佈景主題即可，但這個動作會取消您之前在母片上所做的格式設定，包括文字、色彩配置、背景等。

在每一張投影片中放入固定的文字

簡報中可能需要在所有投影片的下方，都加上公司名稱或簡報者等資訊，最方便的方法就是在母片中加入文字。同樣使用範例檔案 Ch07-01 來練習，假設要在每一張投影片加上 "立案字號"。

STEP 01 請再次進入**母片檢視**模式，點選**投影片母片**，再切換至**插入**頁次如下設定：

在要加入文字的地方拉曳出文字方塊，並在其中輸入要顯示的文字：

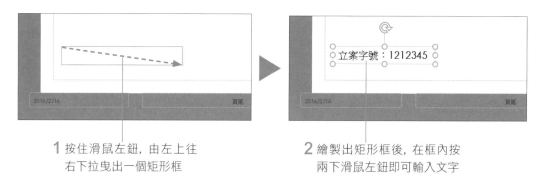

1 按住滑鼠左鈕，由左上往
右下拉曳出一個矩形框

2 繪製出矩形框後，在框內按
兩下滑鼠左鈕即可輸入文字

更多文字方塊的相關操作，我們將在第 9 章為您說明。

 輸入文字後，按下 ⊞ 鈕瀏覽所有的投影片，就會看到除了第 1 張投影片，每一張投影片都出現相同的文字了。

如果直接把文字輸入**投影片母片**的文字版面配置區，切換到**標準模式**會發現剛才輸入的文字全都不見了，這是因為**版面配置區**只能用來安排版面、設定格式，千萬不要用來輸入文字或插入圖片，以免徒勞無功。

放入自己的圖片做為背景

萬一在佈景主題、背景各選項內，都找不滿意的圖片，你也可以利用影像處理或繪圖軟體自行製作。只要製作 2 張螢幕比例 4:3 或 16:9 的背景圖就可以了，1 張是要套用在影響所有版面配置的**投影片母片**，另 1 張則是要套用在影響**標題投影片**的版面配置：

▲ 自行設計的**標題投影片**背景

▲ 自行設計的**投影片母片**背景

自行設計簡報背景時，最好能考量一下標題、副標題、條列文字的位置，在這幾個區域不要有太複雜的圖樣 (或先將圖樣打淡)，以免影響投影片文字的易讀性。

標題投影片就好比簡報的封面，因此通常我們會針對**標題投影片**做有別於其他投影片的設計，若您打算讓**標題投影片**使用跟所有投影片一樣的背景，只需要設計 1 張套用在**投影片母片**的圖片。

STEP 01 圖片準備好後，請重新開啟範例檔案 Ch07-01 來練習。先切換到**檢視**頁次，按下**母片檢視**區的**投影片母片**鈕，然後選取左側的**投影片母片**，再按右鈕執行『**背景格式**』命令：

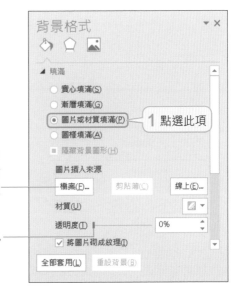

2 按此鈕並插入自行製作的背景圖片，或是插入書附光碟中**範例檔案\Ch07** 資料夾中的圖片來練習

若背景圖案的顏色太重，可在此調整透明度

STEP 02 按下**背景格式**窗格的**全部套用**鈕再按下右上角的**關閉**鈕 ✕ ，背景圖案就設定好了，可再根據背景風格自行調整合適的字型色彩及版面配置，此例我們將淡藍色的背景色塊刪除，再將標題文字設定為深灰色。比照一樣的方式，設定**標題投影片**的背景圖，並刪掉不需要的圖案，再調整**兩項物件**版面配置的文字及版面。

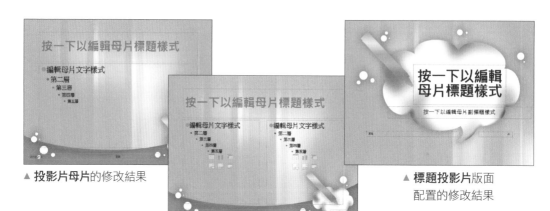

▲ **投影片母片**的修改結果

▲ **兩項物件**版面配置的修改結果

▲ **標題投影片**版面配置的修改結果

STEP 03 完成後切換至**投影片瀏覽**模式，就會看到設定的成果了：

▲ 所有投影片都套用了自行設計的背景圖片

在母片中調整版面配置區

　　我們還可以利用母片快速變換所有投影片的版面配置區，假設想讓投影片的標題都顯示在下方，只要調整**母片檢視**中的**投影片母片**，就可以一次改好全部的投影片了，請如圖調整**投影片母片**的版面配置區：

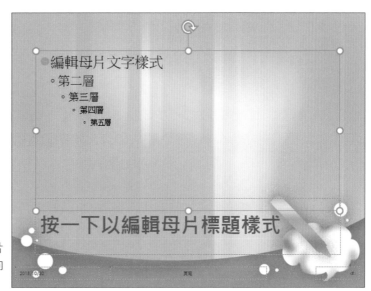

▶ 將標題配置區移至投影片下方，再將本文配置區向上拉曳至適當位置

　　你可以透過左窗格縮圖查看不同版面配置的套用狀況，並適時加以調整：

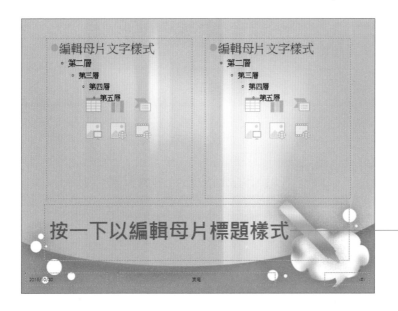

兩項物件版面配置也跟著投影片**母片**變更標題位置了，只要調整文字配置區就好

切換至**投影片瀏覽**模式，就會看到修改的成果了

刪除與回復預設的「版面配置區」

投影片母片包含**標題、文字、日期、投影片編號**及**頁尾**共 5 個版面配置區，而不同的版面配置也會包含各自的版面配置區，如果想刪除用不到的版面配置區，只要在**母片檢視**中將其選取然後按下 Delete 鍵即可刪除。

若是想回復不小心刪除的版面配置區，請先點選**投影片母片**，然後切換至**投影片母片**頁次，按下**母片配置**區的**母片版面配置**鈕，再從中選取要回復的配置區：

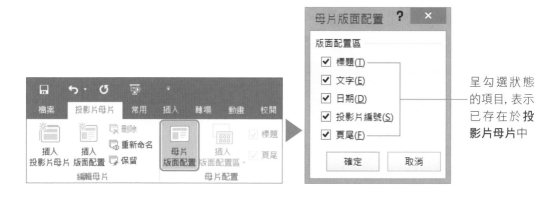

呈勾選狀態的項目，表示已存在於**投影片母片**中

7-3 新增與刪除投影片版面配置

版面配置動輒十多個, 但常用的也就那幾個, 若將不需要的版面配置刪除, 日後選取版面配置時一定能更迅速確實; 有時針對特殊的版面, 也會有需要新增版面配置的情況, 這一節就來學習新增、刪除版面配置的操作吧!

刪除用不到的版面配置

預設母片組會包含 11 種版面配置, 若經常使用的只是其中幾種, 那麼可以把其他不需要的版面配置從簡報中刪除, 這樣編輯簡報時會更方便選取。請建立一份新簡報, 按下**常用**頁次**投影片**區**新增投影片**鈕的下方按鈕:

假設這份簡報只需要用到**標題投影片**和**標題及物件**這 2 種, 那就可以把其它刪除, 請切換至**母片檢視**模式, 將第 3 張以後的版面配置全部選取, 然後按下 Delete 鍵將它們刪除:

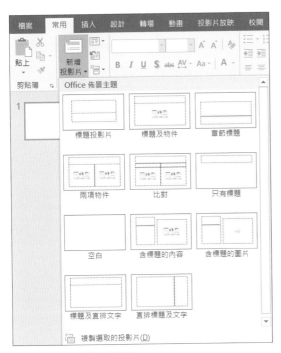

▲ 預設有 11 種版面配置

按住 Shift 鍵可選取多張版面配置, 請選取此張之後的所有版面配置, 再按下 Delete 鍵

切換回**標準模式**, 再打開**版面配置庫**
來看看:

 若欲刪除的版面配置已被使用, 除非是刪除整
個母片組, 否則無法單獨將該版面配置刪除。

只剩下 2 種版面配置,
日後套用時就更方便了

新增版面配置

如果找不到合適的版面配置, 您也可以自行新增版面配置, 假設我們要在剛
才刪除版面配置的簡報中, 新增一張能同時放入兩張圖片的版面, 請如下操作。

STEP 01　切換至**母片檢視**模式, 然後按下**投影片母片**頁次**編輯母片**區的**插入版面配置**鈕,
插入新的版面配置:

按此鈕新增
版面配置

新增的版
面配置

STEP 02 按下**母片配置**區的**插入版面配置區**鈕, 選擇『**圖片**』命令, 然後如圖在版面配置上拉曳出兩個圖片的版面配置區。

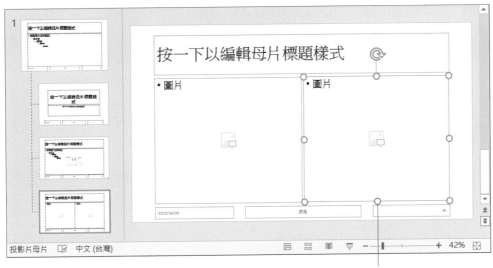

重複一次操作, 拉曳出兩個版面配置區

STEP 03 新增的版面配置名稱為**自訂版面配置**, 我們也可以重新為版面配置命名, 請先點選該張版面配置, 按下**編輯母片**區的**重新命名**鈕, 在交談窗中修改名稱：

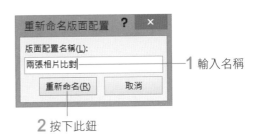

日後新增投影片或變更版面配置時, 就可以從中選取這個版面配置了：

7-4

將自訂母片儲存成佈景主題或範本

剛才我們所修改、新增的母片，只能使用在目前這份簡報，如果想要讓其他的簡報也可以套用自己設計的母片，就必須透過存檔的動作將母片儲存成佈景主題或範本。

將母片儲存成佈景主題供其他簡報套用

我們以修改好母片的範例檔案 Ch07-02 為例，說明將母片儲存成佈景主題的步驟。請先開啟檔案，切換至**檔案**頁次再按下**另存新檔**項目：

1 按下**這部電腦**

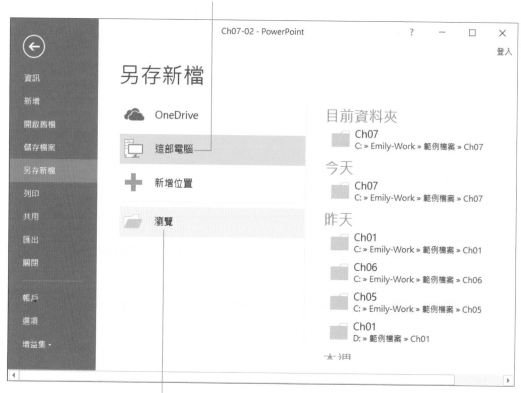

2 按下**瀏覽**

4 儲存佈景主題時, 會自動切換到 Templates\Document
　Themes 資料夾, 若無特殊需求請勿更改

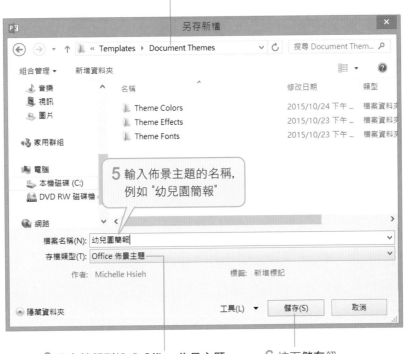

3 將**存檔類型**設成 **Office 佈景主題**　　　　6 按下**儲存**鈕

　　現在請建立一個新簡報, 並切換
至**設計**頁次按下**佈景主題**區的**其他**
鈕 ，我們來看看是否能順利套用
自訂的佈景主題:

剛才儲存的佈景
主題出現在**自訂**
的分類裡了

將母片儲存成範本

我們也可以將母片儲存成範本，以便在建立新簡報時優先選擇自行設計的範本。請重新開啟範例檔案 Ch07-02，再切換至**檔案**頁次按下**另存新檔**項目：

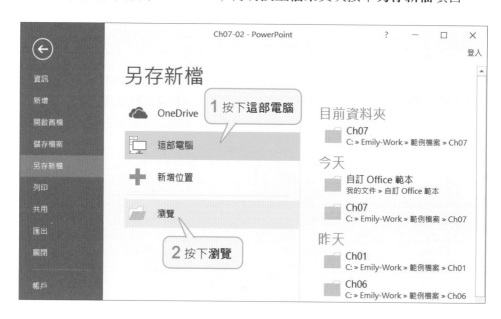

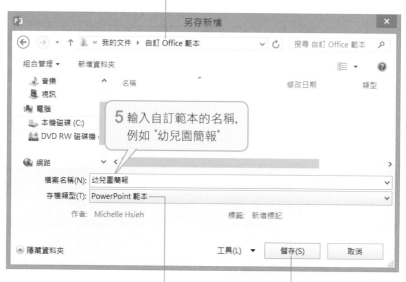

4 儲存簡報範本時，會自動切換到此資料夾，請不要更改

5 輸入自訂範本的名稱，例如 "幼兒園簡報"

3 在**存檔類型**選擇 PowerPoint 範本

6 按下**儲存**鈕

同樣來測試一下，請切換至**檔案**頁次再按下**新增**項目，看看能否從中開啟儲存的範本：

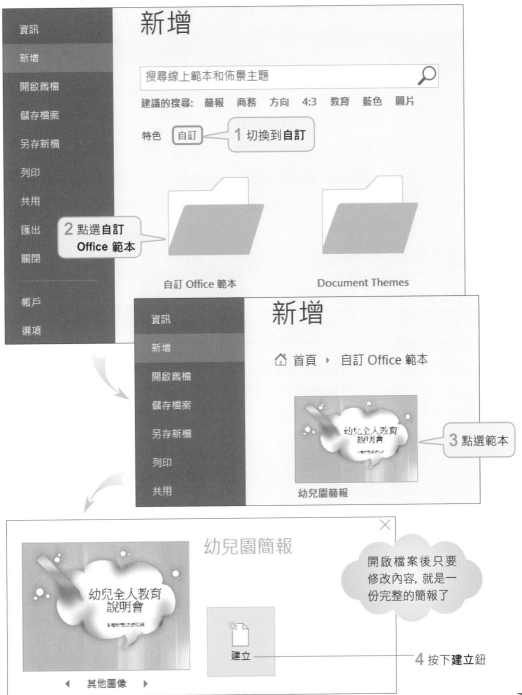

7-5

在一份簡報中使用多組母片

如果您在同一份簡報裡套用 2 個 (以上) 佈景主題時, 在切換至「母片檢視」模式時會發現母片也會有 2 組 (以上)。因為佈景主題會自動產生等量的母片組, 下次看到「母片檢視」模式中一長串的版面配置, 可別嚇到了哦!

一份簡報套用二個佈景主題

　　為簡報套用佈景主題的操作, 相信您已經非常熟悉了, 而套用第 2 個佈景主題的操作也是相同的, 這裡就利用範例檔案 Ch07-03 來試試看!假設我們要讓這份簡報的奇偶頁套用不同的佈景主題。

STEP 01 開啟檔案後, 請切換到**投影片瀏覽**模式, 然後按住 `Ctrl` 鍵再選取雙數頁的投影片, 切換到**設計**頁次, 選取一個喜歡的佈景主題, 這時雙數頁的投影片就會套用所選取的佈景主題了。

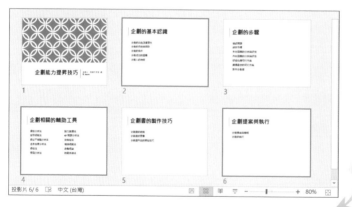

◀ 配合 `Ctrl` 鍵可選取多張不連續的投影片

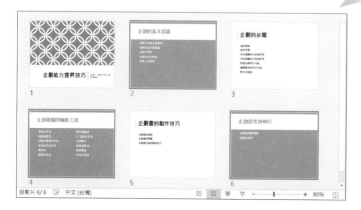

如果只有單一張投影片要套用第 2 個佈景主題, 請選取投影片後, 在佈景主題縮圖上按右鈕執行『**套用至選定的投影片**』命令, 否則會套用到整份投影片哦!

STEP 02　再切換到**母片檢視**模式, 可以看到 2 組母片都列在左方窗格中：

第 2 組母片

此範例套用了 2 種佈景主題, 所以有相對應的 2 組母片

新增母片組

除了套用佈景主題與範本所衍生出的母片組外, 我們也可以自行新增母片組。請切換至**母片檢視**模式, 按下**投影片母片**頁次**編輯母片**區的**插入投影片母片**鈕：

按下此鈕可為母片組重新命名

按此鈕插入新的母片組

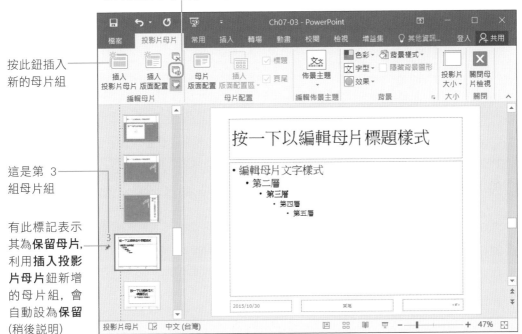

這是第 3 組母片組

有此標記表示其為**保留母片**, 利用**插入投影片母片**鈕新增的母片組, 會自動設為**保留** (稍後說明)

切換回**標準模式**, 並按下**設計**頁次**佈景主題**區的 ▾ 鈕:

當母片組沒有被使用, PowerPoint 就會將其從**佈景主題樣式**選單中刪除; 或是當您重新套用新的佈景主題時, 該母片組會被替換成新的樣式。如果不想辛苦設計的母片組被刪除或取代, 你可以在**母片檢視**模式的左窗格中, 選取欲保留的**投影片母片**縮圖, 再於**編輯母片**區按下**保留**鈕, 啟動**保留**功能。

設定為**保留**後, 即使該母片組沒有被套用, 或是將投影片套用了新的佈景主題, 該母片組仍然會被保留在**佈景主題樣式**選單內。若要取消**保留**功能, 請再按下**保留**鈕 (使其彈起)。

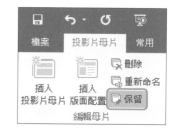

CHAPTER

8

使用表格歸納
簡報中的資料

在投影片中善用表格來整理、歸納一些文字說明，可以讓投影片的內容更清楚，也更容易閱讀，本章即為您介紹 PowerPoint 的表格功能。

- 在投影片中建立表格
- 在表格中輸入內容
- 設定表格內文字格式及對齊方式
- 增加與刪除欄、列
- 調整表格大小及位置
- 合併與分割儲存格
- 套用表格樣式及調整背景與框線

在投影片中建立表格

對於聽眾來說，資料透過表格的歸納、整理，更能迅速了解簡報要表達的內容，這一節我們就來說明如何在投影片中插入表格，讓表格成為你統整資料的好幫手。

利用版面配置建立表格

若投影片套用的是**標題及物件**版面配置，按下配置區的 ⊞ 鈕就可以直接輸入表格的欄、列數，迅速在配置區建立表格。假設我們要在範例檔案 Ch08-01 第 2 張投影片建立一個 3 欄、4 列的表格：

按下**確定**鈕即會插入表格，且表格會自動套用該佈景主題的表格樣式，為使表格能填滿版面，請將指標移至表格下方框線上，待指標呈 ↕ 狀時向下拉曳：

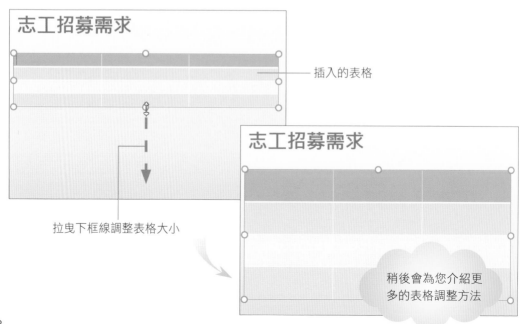

拉曳表格欄、列數來建立表格

　　有時候我們會想在文字之下插入一個表格，這時就無法用上述的方式來建立表格了。請將範例檔案 Ch08-01 切換至第 3 張投影片，然後切換至**插入**頁次，再按下**表格**鈕，從中拉曳出想要的表格欄、列數：

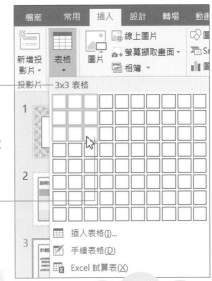

此處會顯示欄、列數

1 將指標移到此處按一下，插入一個 3 欄 × 3 列的表格

2 將指標移至表格邊框上，待呈 ✛ 狀時拉曳表格，將表格移動至文字下方

移動指標時，投影片中會立即畫出表格，讓你預覽插入表格的樣子

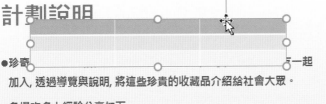

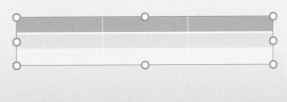

在表格上畫出想要的線段

若表格還需要修改，可利用**手繪表格**功能來增加想要的線段。請接續上例練習：

STEP 01 請在第 3 張投影片的表格上按一下，確認已切換到**表格工具/設計**頁次，再設定框線顏色、樣式，然後按下**手繪表格**鈕：

1 配合表格樣式,此例請選擇白色　　　2 確認已按下此鈕

STEP 02 此時指標會變成鉛筆狀 ✐，按住左鈕拉曳就可以畫出框線。請如圖在表格上拉曳：

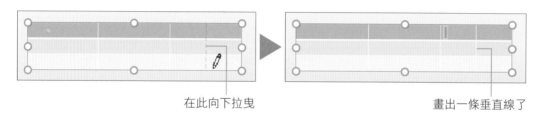

在此向下拉曳　　　　　　　　　　　　　　　畫出一條垂直線了

啟動**手繪表格**功能後，拉曳滑鼠即可畫出框線，以上的練習是畫出垂直線；若橫向拉曳，可畫出水平線；在空白處由左上向右下拉曳，可畫出獨立的方框。當你不需要再使用**手繪表格**功能時，請按下**手繪表格**鈕 (使其呈未選取狀態)，或直接按下 Esc 鍵。

清除表格上不需要的線段

要清除表格上的線段，請利用**手繪表格**鈕右側的**清除**鈕來擦除。按下**清除**鈕時，指標會呈橡皮擦狀 ✐，拉曳框線就會將框線擦掉，請接續上例的練習：

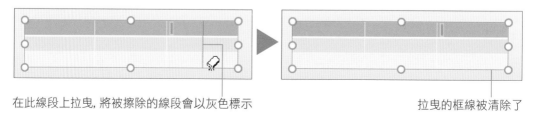

在此線段上拉曳,將被擦除的線段會以灰色標示　　　　　　　　拉曳的框線被清除了

完成後再按一下**清除**鈕，或是按下 Esc 鍵，就會回到編輯狀態了。

8-2 在表格中輸入內容

只要在儲存格內按一下，將插入點移至儲存格中就能輸入文字了，這裡還要介紹在表格中移動插入點的技巧，讓輸入表格資料的工作能進行的更順利。

請接續範例檔案 Ch08-01 第 2 張投影片的練習，將插入點移到最左上角的儲存格中，直接輸入 "單位"：

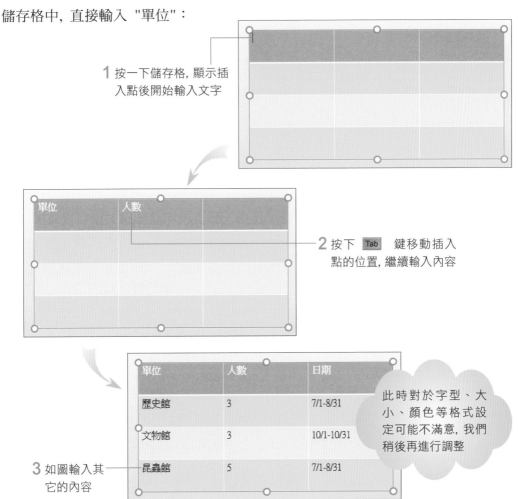

1 按一下儲存格，顯示插入點後開始輸入文字

2 按下 `Tab` 鍵移動插入點的位置，繼續輸入內容

3 如圖輸入其它的內容

單位	人數	日期
歷史館	3	7/1-8/31
文物館	3	10/1-10/31
昆蟲館	5	7/1-8/31

此時對於字型、大小、顏色等格式設定可能不滿意，我們稍後再進行調整

除了剛才介紹的利用 `Tab` 鍵移動插入點，也可以按鍵盤上的方向鍵來移動插入點的位置，或是直接用滑鼠在要輸入內容的儲存格中按一下，可移動插入點位置。

設定表格內文字格式及對齊方式

設定表格內的文字格式與一般文字相同, 只要選取後再利用「常用」頁次「字型」區的工具鈕就能設定了。這一節我們透過簡單的練習來熟悉操作, 並學習表格文字的水平及垂直對齊方式。

設定表格中的文字格式

請接續範例檔案 Ch08-01 第 2 張投影片的練習, 若尚未建立表格或輸入內容, 可開啟範例檔案 Ch08-02 來操作。目前表格內的文字太小, 以下要重新設定字型及字級, 讓表格更容易閱讀。

STEP 01 切換到第 2 張投影片後, 在表格的第 1 列按一下, 顯示插入點後, 將功能區切換至**表格工具/版面配置**頁次, 按下最左側的**選取**鈕執行『**選取列**』命令:

執行**選取列**命令

可選取插入點所在的整列

STEP 02 將功能區切換至**常用**頁次, 這時在**字型**區設定的文字格式, 就會反應在選取列的文字上了。此例做了如圖的設定:

按下表格以外的範圍, 可取消選取

改變了字型 (微軟正黑體), 再將字級放大至 28

STEP 03 接著還要再修改表格內其它文字的字級, 請在表格內任一處按一下, 然後將指標移到**歷史館**列的左側, 待指標呈 ➡ 狀時按下滑鼠左鈕並向下拉曳至**昆蟲館**列, 就可以一口氣選取 3 列了:

單位	人數	日期
歷史館	3	7/1-8/31
文物館	3	10/1-10/31
昆蟲館	5	7/1-8/31

由此向下拉曳 ➡

同時選取 3 列

單位	人數	日期
歷史館	3	7/1-8/31
文物館	3	10/1-10/31
昆蟲館	5	7/1-8/31

STEP 04 再來就可以利用**常用**頁次**字型**區的工具鈕, 將文字設定成喜歡的格式了。此例做了如圖的設定:

單位	人數	日期
歷史館	3	7/1-8/31
文物館	3	10/1-10/31
昆蟲館	5	7/1-8/31

改變字型 (微軟正黑體) 後, 將字級設定為 24

表格內文字的水平及垂直對齊方式

接著要變更儲存格的文字對齊方式，請將插入點移至儲存格內，再切換至**表格工具/版面配置**頁次，利用**對齊方式**區的工具鈕，改變儲存格中文字的對齊方式。

設定儲存格內文字的水平位置 (靠左、置中、靠右)

設定儲存格內文字的垂直位置 (靠上、置中、靠下)

請接續上例來練習，在此要設定表格的第 1 列，請先選取第 1 列，將文字設定為水平、垂直皆置中的對齊方式。

1 選取整列 ——

單位	人數	日期
歷史館	3	7/1-8/31

2 按下**置中**鈕 及 **垂直置中**鈕

單位	人數	日期
歷史館	3	7/1-8/31

▲ 設定的結果

請練習將標題下的 3 列文字設定為如圖的結果：

▶ 預設即為**靠左對齊** ，因此只要變更為**垂直置中**

單位	人數	日期
歷史館	3	7/1-8/31
文物館	3	10/1-10/31
昆蟲館	5	7/1-8/31

　　此外，表格中的欄、列標題通常字數較少，若要使標題內的文字平均分散在儲存格內，請先選取標題列 (或欄)，切換至**常用**頁次，按下**段落**區的**分散對齊**鈕 ，即可讓文字平均分散在儲存格內。

單	位	人	數	日	期
歷史館		3		7/1-8/31	

將表格文字改為直式

　　若是要將表格中的文字改為直排，請選取要設定的儲存格，再將功能區切換至**表格工具/版面配置**頁次，按下**對齊方式**區內的**文字方向**鈕，從中選取文字的排列方式：

　　假設我們要將表格第 1 列的標題改為直式，請先選取第 1 列，再按下**文字方向**鈕執行『**垂直**』命令，就會得到如下的結果：

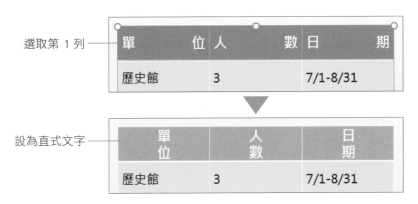

選取第 1 列

設為直式文字

　如果只要設定某一儲存格為直式，將插入點移至儲存格內 (不用選取) 即可設定。

　　要回復橫排走向時，請再按一下**文字方向**鈕執行『**水平**』命令。

8-4 增加與刪除欄、列

實際在表格輸入內容時, 最常遇到的就是欄、列數不夠的問題了, 這時只要選取欄、列, 就可以輕鬆加入所需的欄或列數；若是表格中有用不到的儲存格, 也要適時地刪除, 才不會讓表格看起來空洞、不完整。

欄、列、儲存格與表格的選取方法

在進行設定之前, 我們必須先學會如何準確地選取要處理的對象, 才能讓之後的工作進行地更有效率。其實在前面的練習中, 我們已透過操作介紹了幾個選取的方法, 這裡再為您做個整理。

選取的方法中, 最常用到的就是選取儲存格了, 其方法是在欲選取的第 1 個儲存格按下滑鼠左鈕, 直接向最後一格拉曳, 顯示灰色的儲存格即表示已被選取：

單位	人數	日期
歷史館	3	7/1-8/31
文物館	3	10/1-10/31
昆蟲館	5	

假設要選取這個範圍

單位	人數	日期
歷史館	3	7/1-8/31
文物館	3	10/1-10/31
昆蟲館	5	7/1-8/31

從 "歷史館" 拉曳到 "5" 的儲存格, 顯示灰色表示已選取

若要選取一整欄、一整列、單一儲存格, 或是整個表格, 還有更方便的做法, 我們為您整理如下：

選取對象	操作方法
單一儲存格	在儲存格內按一下, 顯示插入點即可進行設定
多個儲存格	方法 1：在儲存格上按住滑鼠左鈕拉曳 方法 2：將插入點移至儲存格內, 按住 Shift 鍵 + 方向鍵來選取相鄰的多個儲存格
整列	將指標移到列左端, 當指標變成 ➡ 時按一下。若按住左鈕垂直拉曳, 可以選取相鄰數列
整欄	將指標移到欄頂端, 當指標變成 ⬇ 時按一下。若按住左鈕水平拉曳, 可以選取相鄰數欄
整個表格	方法 1：在表格上按一下, 再移動指標至表格四周的邊框, 指標呈 時按一下, 即可選取整個表格 方法 2：在表格上按右鈕, 執行『選取表格』命令

除了上述的選取方法, 你也可以將插入點移至儲存格中, 再切換至**表格工具/版面配置**頁次, 按下左側的**選取**鈕來選擇要選取的範圍：

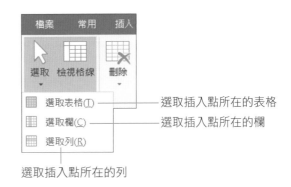

選取插入點所在的表格
選取插入點所在的欄
選取插入點所在的列

增加欄、列

在輸入表格內容時, 若想增加欄或列, 請選取表格中欲增加儲存格的整欄或整列, 再切換至**表格工具/版面配置**頁次, 由**列與欄**區的工具鈕來決定新增欄、列的位置：

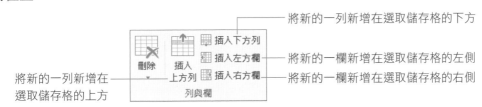

將新的一列新增在選取儲存格的下方
將新的一欄新增在選取儲存格的左側
將新的一欄新增在選取儲存格的右側
將新的一列新增在選取儲存格的上方

我們想在範例檔案 Ch08-03 第 2 張投影片的表格中，在**人數**的右側增加一欄，就可以如下操作：

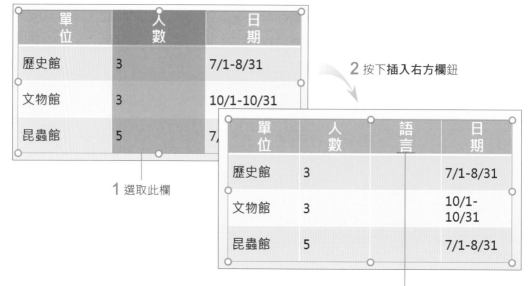

2 按下**插入右方欄**鈕

1 選取此欄

3 在新加入的欄位中輸入內容，例如 "語言"

　　若想要一次增加多欄，可先選取相同數量的欄，再進行增加。例如選取 3 欄，就可以一次在右方 (或左方) 增加 3 欄。

　　我們也可以在選取欄之後，直接按右鈕執行『**插入**』命令，從子選單中設定新增欄要在選取欄的左方或右方：

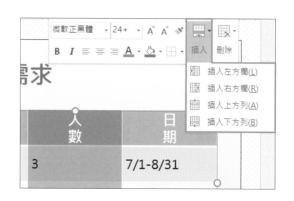

　　增加列的方法與新增欄相同，只要選取欲新增的列數，再設定要增加在上方或下方即可。若想在表格的最後新增一列，可以將插入點移至表格最右下角的儲存格中，再按下 Tab 鍵，將可自動新增一列空白列。

刪減欄、列

萬一新增了太多欄或太多列，空白的儲存格反而會使投影片顯得空洞，這時請選取多餘的儲存格，再切換至**表格工具/版面配置**頁次，由**列與欄**區的**刪除**鈕來刪除不需要的儲存格：

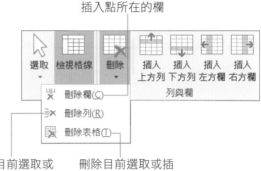

刪除目前選取或插入點所在的欄

刪除目前選取或插入點所在的列　刪除目前選取或插入點所在的表格

例如我們要刪除剛才新增的欄，即可如下操作：

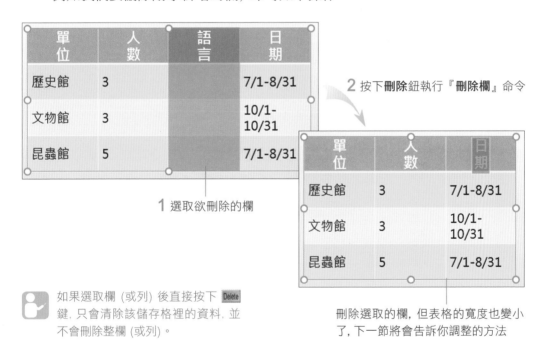

1 選取欲刪除的欄

2 按下**刪除**鈕執行『**刪除欄**』命令

刪除選取的欄，但表格的寬度也變小了，下一節將會告訴你調整的方法

如果選取欄 (或列) 後直接按下 Delete 鍵，只會清除該儲存格裡的資料，並不會刪除整欄 (或列)。

刪除表格

想要刪除整個表格，只要按下表格四周的邊框 (表格中沒有顯示插入點表示已選取表格) 再按下 Delete 鍵就可以刪除表格了。

8-5 調整表格大小及位置

建立好表格之後，還有可能遇到表格太寬、位置不恰當...等問題，這一節我們要針對表格的欄寬、列高，及位置的設定做介紹，帶您學會調整表格的各項技巧。

調整欄寬與列高

為了讓表格能填滿投影片版面，通常都得再稍做調整，最直覺的調整方式，莫過於利用選取表格之後，出現在表格四周的縮放控點了。

請接續範例檔案 Ch08-03 第 2 張投影片的操作，先在表格上按一下，此時表格四周會顯示 8 個縮放控點，將指標移至四周的縮放控點時，指標會呈雙箭頭狀，拉曳即可調整表格的欄寬或列高。此例請調整欄寬至填滿版面：

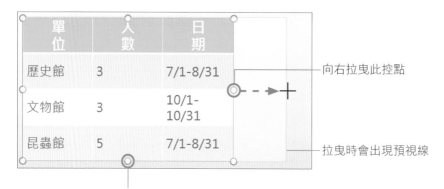

向右拉曳此控點

拉曳時會出現預視線

選取表格時，會顯示 8 個縮放控點，直接拉曳控點可調整表格的欄寬、列高

 在非縮放控點的邊框上拉曳時，將會移動表格的位置，操作時請特別注意。

依內容自動調整表格欄寬

PowerPoint 還能自動依照儲存格的內容來調整最適合的欄寬。請接續上例，我們利用第 1 欄來試試此效果。

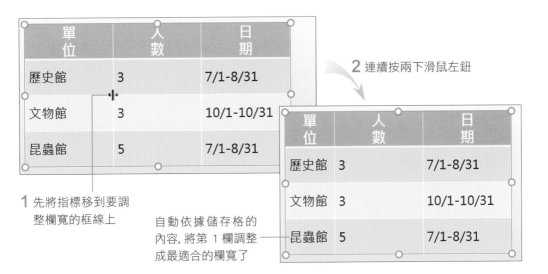

2 連續按兩下滑鼠左鈕

1 先將指標移到要調整欄寬的框線上

自動依據儲存格的內容，將第 1 欄調整成最適合的欄寬了

平均分配欄寬與列高

想要讓表格的多欄或多列都等寬、等高，請先選取要平均分配的欄、列或整個表格，再切換至**表格工具/版面配置**頁次，按下**儲存格大小**區的**平均分配欄寬**鈕 🔲 或**平均分配列高**鈕 🔳，所選取的多欄、多列或表格就會自動平均寬高了。

選取整個表格

按下**平均分配欄寬**鈕

表格的欄寬都相等了

搬移表格位置

調整表格的位置時,請先選取整個表格,然後將指標移到表格框線上,待指標變成 ⤧ 狀,就可以按住左鈕將表格拉曳至目的地了。請接續上例,假設我們要將表格移到投影片的中央:

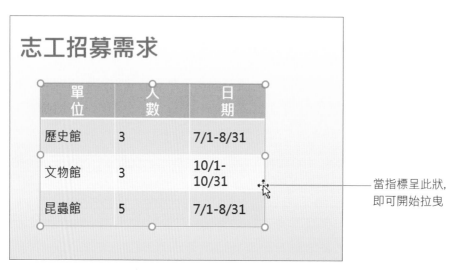

當指標呈此狀,
即可開始拉曳

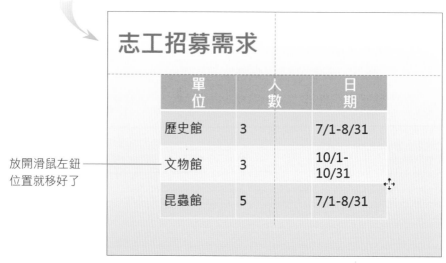

放開滑鼠左鈕
位置就移好了

 拉曳表格時,可搭配按住 Shift 鍵再拉曳,讓表格保持水平或垂直方向移動。

8-6 合併與分割儲存格

如果一開始所規劃的表格與我們所要的樣子有點差距, 那麼可以試著以分割或合併儲存格的方式, 讓表格能呈現出更理想的樣子。

合併儲存格

合併儲存格時, 只要選取兩個以上的儲存格, 再切換至**表格工具/版面配置**頁次, 按下**合併**區的**合併儲存格**鈕就可以了。請開啟範例檔案 Ch08-04, 再切換到第 2 張投影片, 表格內**歷史館**和**文物館**希望能招募到中英文流利的志工, 我們可以進行如下的調整:

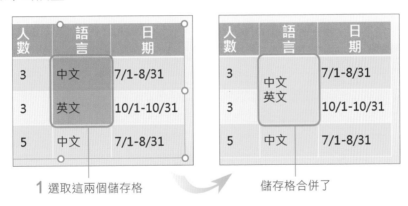

1 選取這兩個儲存格　　儲存格合併了

2 按下**合併儲存格**鈕

分割儲存格

假設我們要將剛才合併的儲存格分割成 2 欄, 以便左右併列, 就可以將插入點移至該儲存格, 再按下**分割儲存格**鈕, 此時會出現如圖的交談窗:

分割成 2 個儲存格了, 再手動將 2 種語言並列

設定儲存格要分割的欄、列數

8-7 套用表格樣式及調整背景與框線

當你在簡報中套用佈景主題後, 建立的表格會自動套用預設的樣式, 之後還可以依需要變換表格樣式, 或是調整表格的框線、背景顏色等。試試看, 你會發現讓表格變得專業、好看, 一點也不困難。

套用表格樣式

請重新開啟範例檔案 Ch08-04 並切換至第 2 張投影片來進行如下的練習。首先選取投影片中的表格, 再切換至**表格工具/設計**頁次:

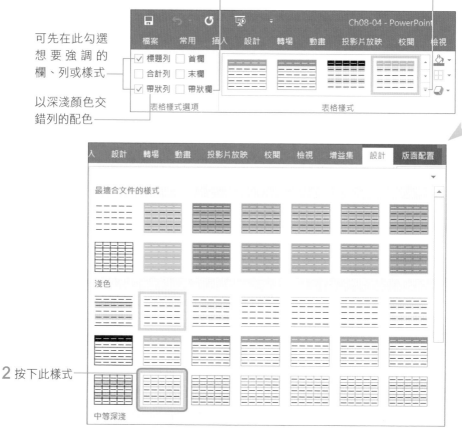

以深淺顏色交錯欄的配色　　　　1 按下此鈕, 瀏覽更多的表格樣式

可先在此勾選想要強調的欄、列或樣式

以深淺顏色交錯列的配色

2 按下此樣式

將指標移至表格樣式縮圖上, 即可由投影片預覽套用後的效果。

單位	人數	語言		日期
歷史館	3	中文	英文	7/1-8/31
文物館	3			10/1-10/31
昆蟲館	5	中文		7/1-8/31

單位	人數	語言		日期
歷史館	3	中文	英文	7/1-8/31
文物館	3			10/1-10/31
昆蟲館	5	中文		7/1-8/31

　　若想變換其它樣式，同樣先選取表格，再按下樣式縮圖，表格就會立即套用新選取的樣式。若要移除表格樣式，請按下**表格樣式**的**其他**鈕 ▾，執行最下面的『**清除表格**』命令，表格將回復到無填色、黑框線的狀態。

為儲存格填入不同的背景色

　　表格中若有想要突顯的欄、列，或是對於預設的樣式不滿意，都可以透過**表格樣式**區右側的**網底**鈕 來變更背景顏色。接續上例，假設我們想讓**歷史館**套用與**昆蟲館**不同的顏色，就可以如圖設定：

單位	人數	語言		日期
歷史館	3	中文	英文	7/1-8/31
文物館	3			10/1-10/31
昆蟲館	5	中文		7/1-8/31

1 選此列

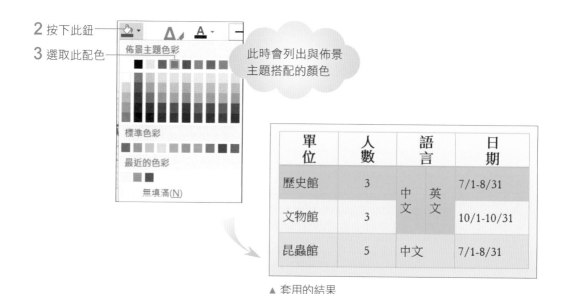

▲ 套用的結果

更改表格框線顏色及樣式

除了表格的背景顏色之外，框線也可以自由變化。請接續上例進行以下的練習，先選取要變化框線的儲存格範圍或表格，再切換到**表格工具/設計**頁次，在**繪製框線**區設定想要的框線寬度、樣式及顏色：

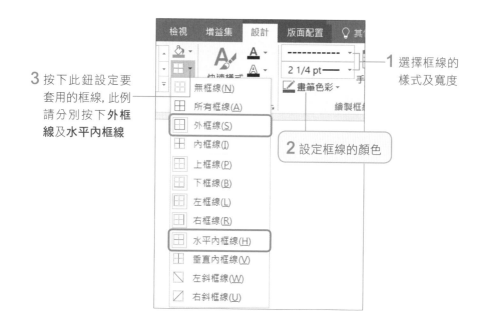

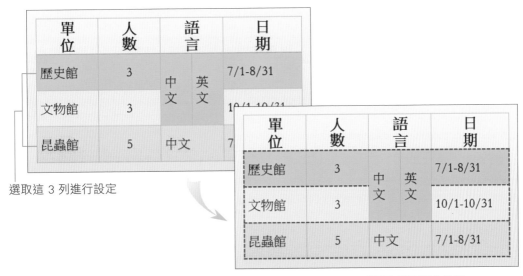

選取這 3 列進行設定

▲ 在表格範圍外按一下, 取消選取即可看出效果

除了利用**框線**鈕設定框線外, 若在**表格工具/設計**頁次的**繪製框線**區設定好想要的框線樣式、寬度及顏色後, 指標會變成鉛筆狀 , 此時點按框線, 也可以立即套用設定好的樣式。

利用此方式設定框線樣式時, 若要回復成原來的框線, 請直接更改框線的樣式、寬度, 再點選要套用的框線 ; 如果按下**清除**鈕來點按框線, 將會清除框線、合併儲存格哦!

設定表格的立體效果

最後我們要為表格加上立體效果, 請選取表格, 再切換至**表格工具/設計**頁次, 按下**表格樣式**區的**效果**鈕 , 就會看到**儲存格浮凸、陰影**及**反射** 3 種特殊效果, 請將指標移至想要預覽的縮圖上, 再由投影片預覽效果, 若預覽的結果滿意, 按下縮圖就可以套用在表格上了。

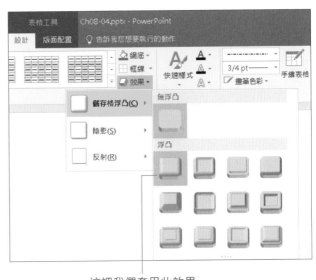

這裡我們套用此效果

單位	人數	語言		日期
歷史館	3	中文	英文	7/1-8/31
文物館	3			10/1-10/31
昆蟲館	5	中文		7/1-8/31

▲ 選取表格再套用
浮凸效果

單位	人數	語言		日期
歷史館	3	中文	英文	7/1-8/31
文物館	3			10/1-10/31
昆蟲館	5	中文		7/1-8/31

▲ 表格變立體了

若要取消套用效果，再選擇**儲存格浮凸/無浮凸**：

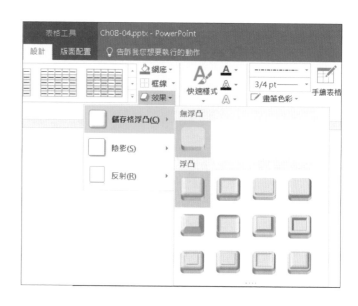

這一章完整介紹了表格的編輯方法，相信能為簡報增色不少，下一章我們要說明與圖片、美工圖案…等物件相關的操作，若能適當運用，簡報的美化工作就難不倒你囉！

CHAPTER

9

插入圖片與快取圖案 強化投影片內容

要讓簡報更有說服力,可在製作投影片時,加上一些「物件」來點綴,例如圖片、插圖、表格、組織圖等。加入物件後,我們還可以在 PowerPoint 中依版面調整物件的大小、搬移物件的位置,或是調整物件順序,以達到預期的效果。

- 插入物件的方法
- 在投影片中插入圖片
- 擷取螢幕畫面放入投影片
- 圖片的進階編輯
- 自行繪製圖案
- 圖案的編輯技巧
- 適時插入文字方塊做補充說明
- 使用「文字藝術師樣式」讓文字更立體

owerPoint

9-1 插入物件的方法

舉凡圖片、表格、聲音、影片等, PowerPoint 皆稱之為「物件」。我們可以藉由版面配置區來插入物件, 或是切換到「插入」頁次, 來選擇想要插入的物件, 這一節將分別介紹這 2 種插入物件的方法。

利用版面配置區插入物件

要在投影片中插入物件, 最簡便的方式就是套用投影片版面配置, 因為它已經預先規劃好多種物件的版面配置區, 讓我們能輕鬆地在投影片中運用物件來豐富簡報內容。請從**常用**頁次的**投影片**區中, 按下**新增投影片**下方按鈕來選擇各種可插入物件的版面配置:

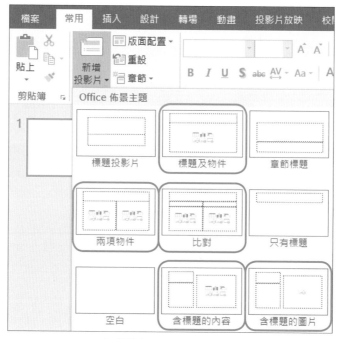

▲ 提供物件配置區的版面配置

當你選擇**標題及物件**、**兩項物件**、**比對**或**含標題的內容**這 4 種版面配置, 投影片中便會建立一個包含 6 個按鈕的**內容配置區**, 只要將指標移到物件圖示上按一下, 就可進行該類物件的插入工作了:

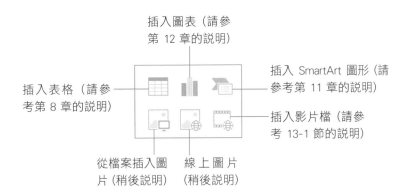

插入圖表（請參
第 12 章的說明）

插入 SmartArt 圖形（請
參考第 11 章的說明）

插入表格（請參
考第 8 章的說明）

插入影片檔（請參
考 13-1 節的說明）

從檔案插入圖
片（稍後說明）

線上圖片
（稍後說明）

　　在內容配置區中，我們可以選擇插入文字或是物件。當你輸入文字後，物件按鈕就會消失；同理，當你按下物件按鈕插入物件後，就無法再輸入文字了。

 除了以上提到的 4 種版面配置外，**含標題的圖片**也提供插入物件的版面配置區，但只能插入圖片，不能輸入文字及插入其它物件。

利用「插入」頁次的工具鈕插入物件

　　使用版面配置區來加入物件，好處在於可以預先確知物件出現的位置及範圍，避免物件和其它內容重疊。但若想在一張已輸入文字，或已插入圖片的投影片上加入圖案，則可改用**插入**頁次的工具鈕來插入物件。

▲ 透過**插入**頁次中的工具鈕可插入各種物件

　　大致了解插入物件的方法後，以下就一一說明插入各種物件的方法及編輯技巧。

9-2 在投影片中插入圖片

要豐富投影片的內容, 加入圖片的點綴絕對有加分效果。如果手邊沒有適合的圖片, 可利用 PowerPoint 提供的圖片搜尋功能來應應急; 你也可以將個人或其它圖庫的圖檔插入到投影片中, 本節將介紹這 2 種插入圖片的方法。

插入網路上的圖片

想要插入圖片時, 可善用 PowerPoint 內建的圖片搜尋功能, 以關鍵字來尋找網路上可使用的圖片, 此功能是透過 **Bing** 搜尋引擎來尋找圖片, 其搜尋結果是符合 Creative Commons 授權使用的圖片。建議您在使用前再次確認圖片的授權範圍, 以避免日後產生糾紛。

 關於 Creative Commons, 可參考 http://creativecommons.tw/。

STEP 01 請開啟範例檔案 Ch09-01, 我們想在第 1 張標題投影片插入圖片, 請切換到**插入**頁次再按下**圖像**區的**線上圖片**鈕:

1 按此鈕開啟**插入圖片**交談窗

2 輸入想要尋找的圖片
關鍵字, 例如 "dessert"

3 按下此鈕或按下 `Enter` 鍵開始尋找

請確認目前電腦可上網, 才能順利搜尋到圖片哦!

4 點選喜歡的圖片

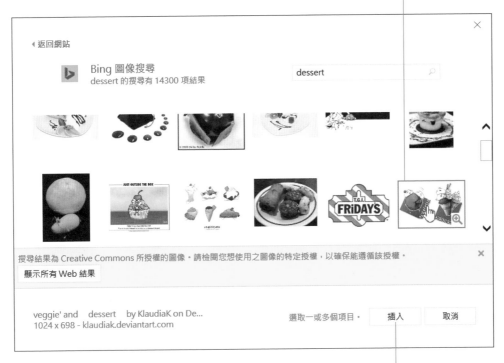

5 按下**插入**鈕就會開始下載了

STEP 02 接著圖片就會自動插入到投影片中：

拉曳控點可調整圖片大小　　　　按住圖片拉曳可調整位置

插入自己的圖片

如果想要放入自己準備的圖檔，可以在投影片的版面配置區中按下**圖片**鈕 開啟**插入圖片**交談窗，挑選想要插入的圖片。接續上例並切換到第 2 張投影片進行如下操作：

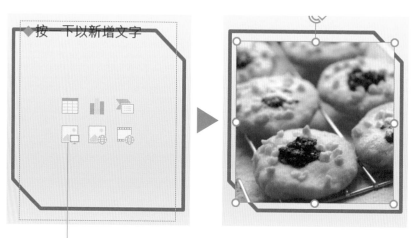

按此鈕，在**插入圖片**交談窗選取要放入的圖片（可插入書附光碟 Ch09 資料夾下的 Pic-01.jpg）

 也可以切換到**插入**頁次，在**圖像**區中按下**圖片**鈕，開啟**插入圖片**交談窗來選取要插入的圖片。

插入 GIF 動畫檔請在放映時檢視效果

PowerPoint 也支援 GIF 動畫檔，其插入方法與插入一般圖片相同，不過 GIF 動畫效果必須在放映投影片時才看得出來，您可以在插入動畫檔後切換到**投影片放映**模式檢視動畫效果。

9-3 擷取螢幕畫面放入投影片

以往要在投影片上放入螢幕畫面、軟體操作畫面時，都要先安裝抓圖軟體，或是按下 `Print Screen SysRq` 鍵抓取全螢幕，再到影像處理軟體裡裁切。從 PowerPoint 2010 開始若要放入螢幕畫面，可直接抓取畫面並放入投影片中。

接續範例檔案 Ch09-01 的練習，我們要在第 6 張投影片加入網頁畫面，請如下操作：

STEP 01 請開啟瀏覽器，先找好要放入投影片的網頁：

▶ 假設要插入此網頁畫面

STEP 02 切回 PowerPoint 編輯畫面，再切換至要插入畫面的投影片，按下**插入**頁次**圖像**區的**螢幕擷取畫面**鈕：

1 切換至此投影片

名家推薦參考書籍

◆按一下以新增文字

2 按下此鈕

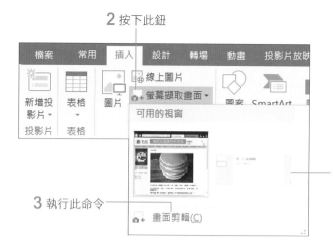

目前開啟的視窗會列在此處, 按下縮圖可在投影片中插入整個視窗內容

3 執行此命令

STEP **03** 執行命令後, 會切換到瀏覽器畫面且呈半透明狀, 請在畫面中圈選要放入投影片的範圍, 放開滑鼠左鈕圖片就會放入投影片中了。

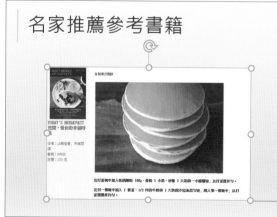

執行『**畫面剪輯**』命令後, 會切換到排列在最上層的視窗, 方便我們擷取畫面。若執行命令後, 切換的畫面不是想要抓取的視窗, 可先按下 Esc 鍵取消抓圖動作, 重新切換一次要抓取的視窗, 再次進行擷取畫面的操作。

拉曳控點即可調整圖片尺寸

9-4 圖片的進階編輯

插入到投影片的圖片，可能有尺寸太大、太小、位置不適當等問題，自己的相片則可能會有太暗、顏色不鮮豔的情況，這一節我們來學習圖片的編輯技巧，讓你不用準備影像編輯軟體，也能修出美美的圖片，替投影片大大的加分。

調整圖片的色調、亮度與對比

PowerPoint 有許多可美化圖片的功能，首先我們來看看怎麼調整圖片的亮度與對比。請切換到範例檔案 Ch09-02 第 2 張投影片，並選取其中的相片，然後切換到**圖片工具/格式**頁次，利用**調整**區的按鈕來調整圖片：

1 按下此鈕

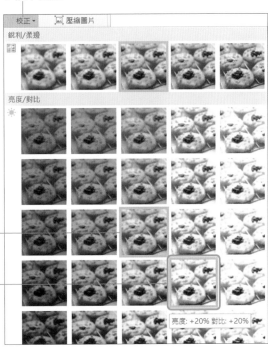

正中間的縮圖，其亮度與對比皆為 0%，表示不做任何調整，中間往右的縮圖會提高亮度，往下的縮圖會提高對比；反向則效果相反

2 從縮圖的示範效果來選擇要套用的亮度、對比

◀ 此例套用
亮度 +20%、
對比 +20%

若想展現不同的風格，我們還可以為相片重新填色或改變色調。同樣請選取第 2 張投影片的相片，再切換到**圖片工具/格式**頁次，按下調整區的**色彩鈕**：

1 按下此鈕

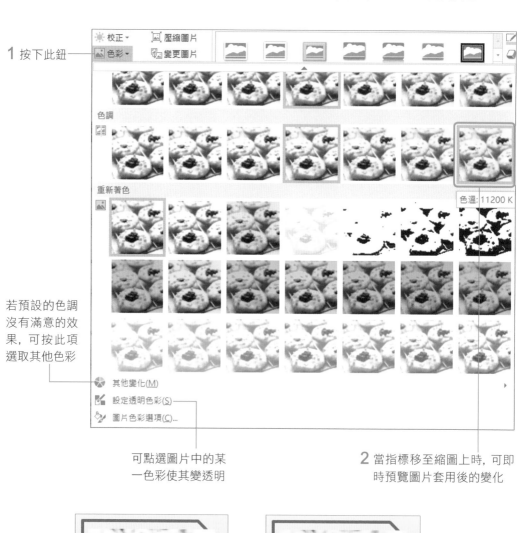

若預設的色調沒有滿意的效果，可按此項選取其他色彩

可點選圖片中的某一色彩使其變透明

2 當指標移至縮圖上時，可即時預覽圖片套用後的變化

◀ 此例套用
色溫：11200K,
加強暖色調

套用美術效果

　　有時候我們會想讓相片有畫布的效果、像馬賽克般的拼貼藝術感，或是套用編織的質感等，在 PowerPoint 全都可以做到。請同樣利用範例檔案 Ch09-02第 2 張投影片來進行以下的練習。先選取投影片上的相片，再切換至**圖片工具/格式**頁次，按下**調整**區的**美術效果**鈕：

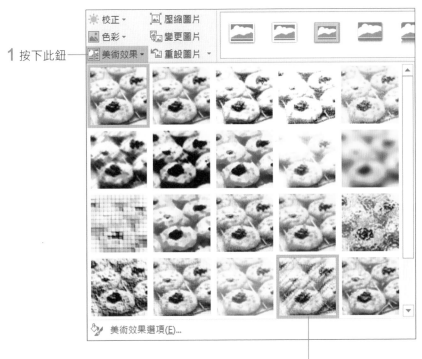

1 按下此鈕

2 從縮圖選擇要套用的效果

◄ 此例套用
蠟筆平滑效果

裁剪圖片

　　圖片在插入到投影片後才發現有些部份需要裁掉，這時候可使用**大小**區的**裁剪**鈕來進行裁切的工作。請使用範例檔案 Ch09-02 第 3 張投影片來學習裁剪圖片的方法。選定圖片後，按下**圖片工具/格式**頁次**大小**區的**裁剪**鈕上半部，此時圖片的周圍會出現裁剪邊：

1 按下此鈕

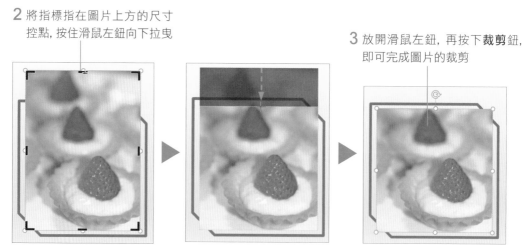

2 將指標指在圖片上方的尺寸
　控點，按住滑鼠左鈕向下拉曳

3 放開滑鼠左鈕，再按下**裁剪**鈕，
　即可完成圖片的裁剪

　　裁剪圖片功能並不是真的刪除所裁剪的圖片區域，只是將此部份的圖片隱藏起來而已。再按下**裁剪**鈕，並向外拉曳尺寸控點，被裁剪的部份就會再度出現，恢復成完整的圖片。不過在還原裁剪的圖片時，如果拉曳的範圍超出原來的圖片大小，那麼多餘的部份會呈現留白的狀態。

將相片裁剪成形狀

　　相片不只可以是方方正正的樣子，還可以裁剪成你想要的任何形狀，請選取圖片後按下**裁剪**鈕的下半部按鈕，即可從中選取要剪裁的比例或形狀命令：

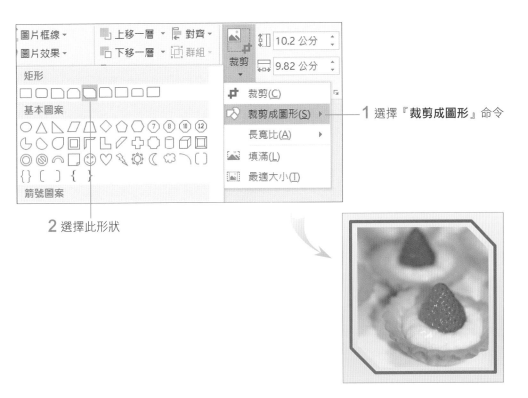

1 選擇『**裁剪成圖形**』命令

2 選擇此形狀

套用圖片邊框、鏡射、陰影樣式

如果覺得圖片不夠顯眼, 還可以套用各種圖片樣式來美化, 以範例檔案第 3 張投影片為例, 我們想為相片加上陰影效果, 就可以利用圖片樣式來加強。請先選定圖片, 切換到**圖片工具/格式**頁次, 然後在**圖片樣式**區中選擇要套用的樣式:

當滑鼠停留在樣式圖示上, 可即時預覽套用後的效果

選擇要套用的樣式

按下此鈕可開啟所有的圖片樣式

迷你草莓塔

◆ 材料
現成塔殼
卡士達醬
新鮮草莓 (或其它水果)

◆ 步驟
1. 在塔殼擠入卡士達醬。
2. 草莓洗淨切好, 放入塔中。
3. 冷藏 1 小時風味更佳。

先前我們已經替此相片裁剪成圖形, 但是套用陰影效果後, 前一個效果就被取代掉了, 如果套用陰影後還想要裁剪成圖形, 請再次按下**裁剪**鈕, 執行**裁剪成圖形**命令

◀ 將圖片加上陰影後,
看起來就更立體了

旋轉或翻轉圖片

當相片需要水平翻轉或旋轉角度時, 可利用**排列**區的**旋轉**鈕來設定。以範例檔案的第 3 張投影片為例, 我們可以將相片水平翻轉, 變換擺設的方向:

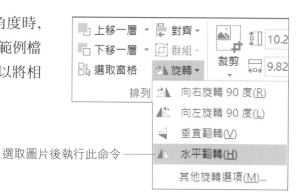

選取圖片後執行此命令

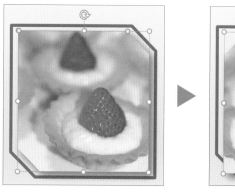

拉曳控點即可旋轉圖片

您也可以利用
選定圖片時出現的
旋轉控點 ⟳，自由
旋轉圖片的角度：

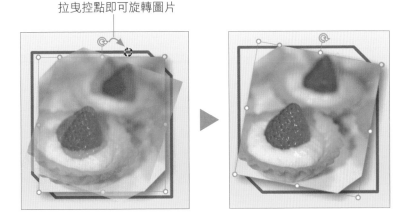

去除相片中的背景

　　簡報中有時會需要放入商品相片，或是希望單純只有人物的圖片，此時會干
擾視覺的背景就不需要了。若想要去除相片中的背景，可利用**移除背景**功能來達
成。請切換至範例檔案 Ch09-02 第 4 張投影片來練習如下的操作：

STEP 01 請選取圖片並切換到
圖片工具/格式頁次，
再按下左側的**移除背
景**鈕：

STEP 02 在此模式中會以顏色
來表示即將被刪除的
範圍，中間則會顯示
主體的框線，請拉曳
框線至完全包含要保
留的主題，接著按下
功能區的**保留變更**鈕
進行去背：

如果覺得去背的效果不好，請在套用前按下**捨棄所有變更**鈕取消去背設定，或參考如下的敘述補強去背的結果。

若欲去背的相片構圖較複雜時，拉曳框線的結果可能會有去背不完全，或是主體某部份也被刪除等問題，這時請再利用功能區的按鈕來調整，讓去背的結果更理想。

按下此鈕可增加去除的範圍

增加保留的範圍

移除標記的部份，以便重新設定

不套用去背可按下此鈕離開**移除背景**模式

STEP 01 請先為第 5 張投影片插入一張圖片。我們以 "cook" 為關鍵字，插入一張符合 CC 規範的網路圖片，再調整至框內剛好的位置，選取圖片後按下**圖片工具/格式**頁次的**移除背景**鈕，將框線向外拉曳至與圖片相同大小。

STEP 02 如果有未去除乾淨的部份，請按下**標示區域以移除**鈕，在要在刪除的範圍拉曳線段或點按，以標示出要移除的部份；相對的，如果有想要保留的地方卻被刪除了，則可按下**標示區域以保留**鈕來標示：

拉曳線段或點按

標示要保留的部份會顯示 ＋ 符號

若標示移除則會顯示 － 符號

STEP 03 最後按下**保留變更**鈕, 就完成去背了。

壓縮圖片替簡報檔瘦身

之前在 9-12 頁曾經提過, 利用裁剪圖片功能並不是真的刪除掉所裁剪的範圍, 只是將此部份的圖片隱藏起來, 若確定這個範圍不需要了, 可利用**調整**區的**壓縮圖片**鈕來替圖片瘦身。除此之外, 在投影片中加入點陣圖片 (如 BMP 、 JPEG 等) 或是加入太多圖片都會使簡報的檔案變大, 尤其是利用 E-mail 傳送檔案時, 如何將圖片的檔案變小就是一個很重要的課題。以下我們說明如何使用壓縮圖片功能, 請先選定圖片再切換到**圖片工具/格式**頁次, 按下**調整**區的**壓縮圖片**鈕開啟**壓縮圖片**交談窗:

1 按此鈕開啟**壓縮圖片**交談窗選擇壓縮模式　　若勾選此項, 會將圖片的裁剪區域刪除, 可減少簡報檔的大小

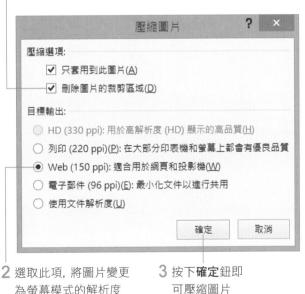

2 選取此項, 將圖片變更為螢幕模式的解析度　　**3** 按下**確定**鈕即可壓縮圖片

如果簡報只會在螢幕上觀看或放映，建議您如上設定，這樣圖片在螢幕上既能維持不錯的品質，又能有效減小檔案容量。我們實際在一份簡報中插入 10 張相片，插入後簡報檔案為 2,849 KB；如上述一一進行壓縮後，簡報檔案已變更為 764 KB，日後若有較多相片的簡報需要瘦身，記得多加利用哦！

還原圖片至原始的面貌

　　套用到圖片上的每一種效果都可以個別取消套用結果，您也可以按下**復原鈕**或 `Ctrl` + `Z` 回復上一個動作。如果想移除在圖片上進行的所有編輯設定，請先選取圖片，再按下**調整**區的**重設圖片鈕**，即可將圖片還原到原始狀態。

　　當圖片在一連串編輯後，並且利用壓縮圖片功能壓縮過，那麼按下**重設圖片**鈕將無法回到壓縮前的狀態。若要回復成壓縮前的圖片，可按下**復原鈕**或 `Ctrl` + `Z` 鍵。

9-5 自行繪製圖案

在製作簡報時,有時會需要以圖文框的方式為圖片做註解、加入流程圖來表示專案的處理過程,或是想利用可愛的圖案,為嚴肅的投影片添加點幽默,甚至是利用幾何圖形畫出想要表達的想法,這些全都可以透過插入圖案來達成。

認識繪製工具

要在投影片繪製圖案,請切換到**插入**頁次,在**圖例**區按下**圖案**鈕,開啟圖案列示窗,其中共有 9 種圖案分類,讓你選擇要繪製的圖案:

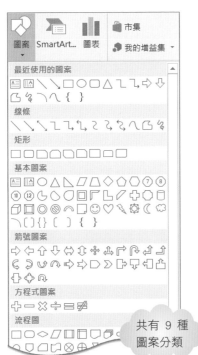

共有 9 種圖案分類

繪製快取圖案

我們以繪製一個十字形圖案為例,熟悉一下快取圖案的繪製方法。請開啟範例檔案 Ch09-03 切換至第 2 張投影片,範例中已建立了兩個圖案,請再切換至**插入**頁次,按下**圖案**鈕,從列示窗中按下**基本圖案**類別中的**十字形**鈕:

1 按住滑鼠左鈕拉曳出想要的大小

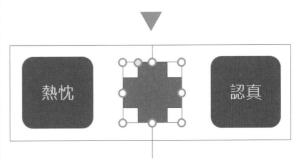

2 放開滑鼠左鈕,圖案立即繪製完成

圖案列示窗中的**動作按鈕**類別,在畫好後緊接著會出現**動作設定**交談窗,讓您為該按鈕設定動作,這部份我們會在第 15 章介紹。

快取圖案會自動套用佈景主題的色彩配置,稍後會說明修改的方法。

繪製圖說文字類快取圖案

當圖片需要使用文字框來放置說明文字時，**圖說文字**類快取圖案提供許多不同的樣式供您選擇。我們以插入一個橢圓形的圖說文字為例，帶您完成一個圖說文字類圖案的繪製與調整練習。

STEP 01 接續範例檔案 Ch09-03 第 2 張投影片的練習。請按下**圖說文字**類別中的**橢圓形圖說文字**鈕：

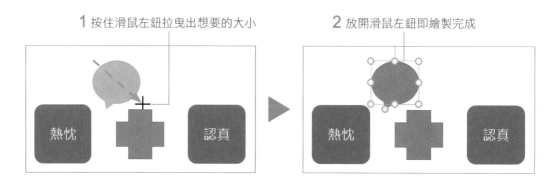

1 按住滑鼠左鈕拉曳出想要的大小

2 放開滑鼠左鈕即繪製完成

STEP 02 **圖說文字**類快取圖案是針對製作圖說需求而設計的，所以選定快取圖案後，拉曳其黃色的調整控點，可調整圖形的指示方向，將其指向要加以說明的地方：

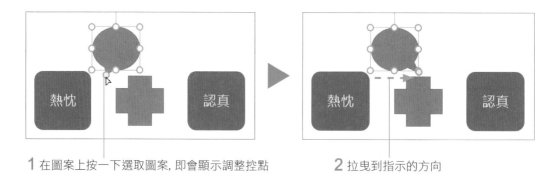

1 在圖案上按一下選取圖案，即會顯示調整控點

2 拉曳到指示的方向

STEP 03 接著請在圖案上按右鈕，執行『**編輯文字**』命令，圖案就會出現插入點，再輸入想要放在圖上的文字。而此處文字的格式設定，與一般文字相同，您可以先行設定，或參考稍後說明，套用更多的文字變化。

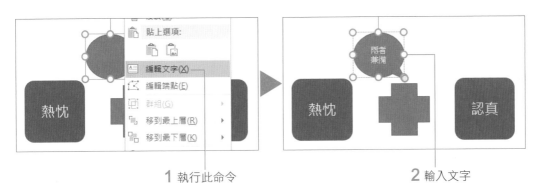

1 執行此命令　　　　**2** 輸入文字

繪製線條類快取圖案

接著我們來練習**線條**類別快取圖案的繪製方式，範例中將會帶您練習繪製基本的**雙箭頭**圖案，和較特殊的**連接線**兩種，其它類型的操作也不難，就請您自行練習了。

繪製線條、箭頭、雙箭頭

線條類別快取圖案中，繪製線條、箭頭、雙箭頭的方式都一樣，我們以插入一個**雙箭頭**為例，請切換至範例檔案 Ch09-03 第 3 張投影片，再按下**線條**類別中的**雙箭頭**鈕：

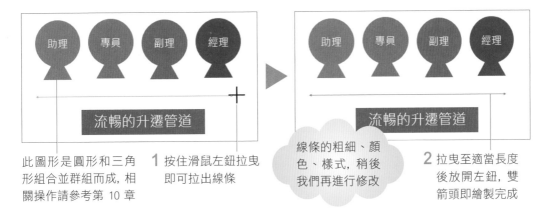

此圖形是圓形和三角形組合並群組而成，相關操作請參考第 10 章

1 按住滑鼠左鈕拉曳即可拉出線條

線條的粗細、顏色、樣式，稍後我們再進行修改

2 拉曳至適當長度後放開左鈕，雙箭頭即繪製完成

繪製連接線

連接線的繪製和線條類的線條、箭頭、雙箭頭類似，它的功用是將物件與物件連接起來。此外，當您搬移連接線兩端的物件，連接線還會自動延伸、縮短或調整位置，不會與物件分開。光看文字敘述，您可能還感受不到它的巧妙之處，以下就來練習看看。

STEP 01 請同樣利用範例檔案 Ch09-03 來操作，切換到第 4 張投影片，然後按下**線條**類別裡的**肘形雙箭頭接點**鈕：

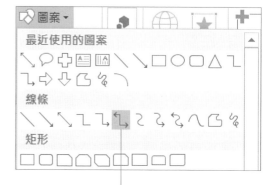

其餘連接線的操作方法都相同，
在此我們以**肘形雙箭頭接點**為例

STEP 02 將指標移到其中一個物件上，該物件便會出現四個端點，在其中一個端點上按一下，設定**肘形雙箭頭接點**的起始點：

1 在欲當作起始點的端點上按一下

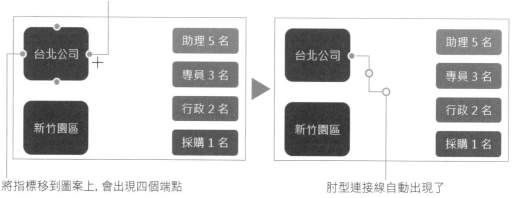

將指標移到圖案上，會出現四個端點　　　　　　　　肘型連接線自動出現了

STEP 03 接著將線段結尾的連接端點拉曳到欲連結的圖案上, 該圖案也會出現四個端點, 然後在欲設為結尾的端點上按一下, 即可完成連結:

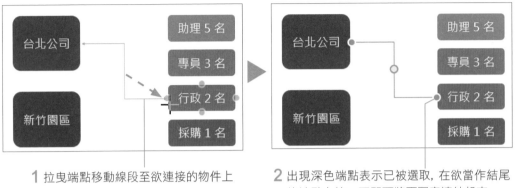

1 拉曳端點移動線段至欲連接的物件上

2 出現深色端點表示已被選取, 在欲當作結尾的端點上按一下即可將兩圖案連結起來

 STEP 04 完成連接後, 不管圖案怎麼移動, 線條都牢牢地黏在上面。

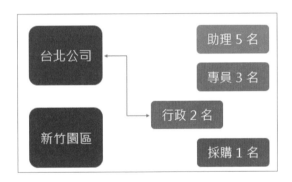

配合按鍵繪製快取圖案

您還可以配合按鍵來繪製快取圖案, 以下列出相關的按鍵與其操作結果:

快取圖案類別	按住 Shift 鍵	按住 Ctrl 鍵
快取圖案 (除徒手畫)	建立等比例尺寸的物件	繪圖物件中心點固定在第一次按下左鈕的位置
線條、箭頭、雙箭頭	角度固定在 0、15、30 度等 15 倍數角度的方向	繪圖物件中心點固定在第一次按下左鈕的位置

圖案的編輯技巧

學會畫圖之後, 接著為您介紹快取圖案的編輯技巧, 雖然是以快取圖案為例來說明, 但調整大小、移動位置等操作, 也適用於插入的美工圖案及相片, 要懂得靈活運用哦!

選定快取圖案

繪製好的快取圖案, 可能會太大、大小、需要移動位置等, 但在調整圖案之前, 首先要知道選定快取圖案的方法。你可以利用範例檔案 Ch09-03 第 5 張投影片的圖案來練習:

● 直接點選:將指標移至快取圖案上, 當指標變為時 ✛, 按一下即可選定快取圖案。若要選定多個快取圖案, 則請先按住 Shift 鍵, 然後再分別點選欲選取的圖案。

● 圈選選取:按住滑鼠左鈕拉曳出圈選範圍, 放開左鈕後, 在範圍中的快取圖案都會被選定:

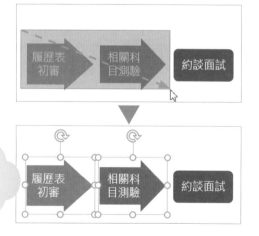

這裡介紹的選取方法, 也適用於其它物件

若要取消選取狀態, 在選定的快取圖案之外按一下或按 Esc 鍵, 即可取消選取。

調整快取圖案外觀

當您選定快取圖案時, 圖案上若出現黃色的調整控點, 表示可以進一步調整其外觀, 你可以利用範例檔案 Ch09-03 第 5 張投影片上的圖案來試試看:

2 拉曳黃色調整控點, 此圖案有
兩個調整控點, 此例請練習將
右側控點向左拉曳

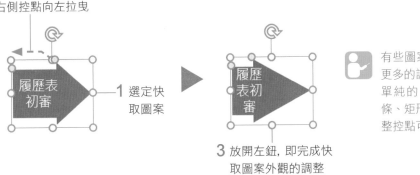

1 選定快
取圖案

3 放開左鈕, 即完成快
取圖案外觀的調整

有些圖案具有 1 個或
更多的調整控點, 但較
單純的圖案, 例如線
條、矩形等, 則沒有調
整控點可變化外觀。

改變快取圖案的大小及位置

　　先前在畫圖時, 我們並沒有嚴格要求圖形大小、位置, 現在則要花點時間來
好好練習。再次提醒您, 以下的操作同樣適用於所有物件。

　　請利用範例檔案 Ch09-03 第 5 張投影片來練習, 我們想要讓最右側的圖案
再大一點。先按一下要調整的圖案, 選定後四周會出現控點, 拉曳控點即可調整
大小：

向右下角拉曳

調到適當大小
時放開左鈕

🛢 配合按鍵調整大小

拉曳圖片角落尺寸控點可依等比例縮放, 但拉曳快取圖案角落尺寸控點, 需配合按鍵
才能等比例縮放。下面列出配合按鍵調整物件大小的變化：

● 按住 Shift 鍵, 再拉曳快取圖案角落的尺寸控點, 可按原來的寬、高比例調整。

● 按住 Ctrl 鍵, 再拉曳物件的尺寸控點, 則物件的中心點固定不變。

接續上例，我們繼續學習移動物件位置，請將指標指在圖案上並拉曳圖案。

移動時會自動顯示對齊線，方便我們對齊其它物件。若按住 Shift 鍵再拉曳，可以控制物件只往垂直或水平方向移動。另外，選定物件後利用鍵盤上的方向鍵也可移動物件。

變更快取圖案

快取圖案還有一項特別的功能，那就是快速更換圖形。假設我們想把範例檔案 Ch09-03 第 5 張投影片左側兩個圖案換個樣子，請按住 Shift 鍵同時選定 2 個圖案，再切換到**繪圖工具/格式**頁次，按下**插入圖案**區的**編輯圖案**鈕選取**變更圖案**命令下**流程圖**類的**流程圖：儲存資料** ◖：

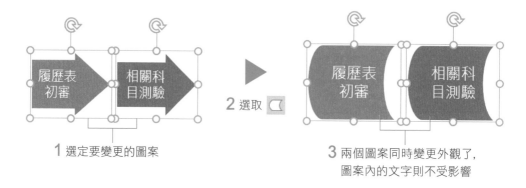

旋轉與翻轉快取圖案

以上例來說，變更圖案後，方向與原來規劃的不同，所以接下來我們繼續來學習如何翻轉快取圖案的方向。請先選定快取圖案，再按下**常用**頁次**繪圖**區的**排列**鈕，透過執行**旋轉**下的各項命令來旋轉或翻轉快取圖案：

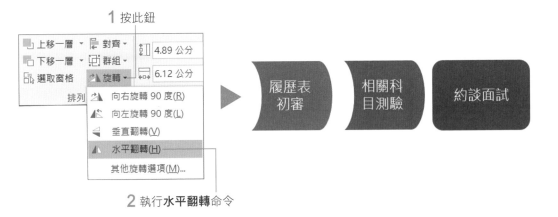

1 按此鈕

2 執行**水平翻轉**命令

　　除了利用**旋轉**按鈕下的命令
來旋轉、翻轉圖案, 亦可利用選
取圖案時, 顯示的旋轉控制點來
任意調整圖案的角度:

1 將指標指在旋轉控制點上

2 拉曳旋轉控點即
可自由旋轉物件

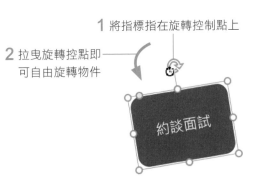

為圖案指定旋轉角度

如果想要精確設定物件的旋轉角度, 可
以在選取物件後按右鈕執行『**大小及位
置**』命令, 然後再於**設定圖案格式**窗格
的**圖案選項**頁次中進行設定:

可在此處設定物
件的旋轉角度

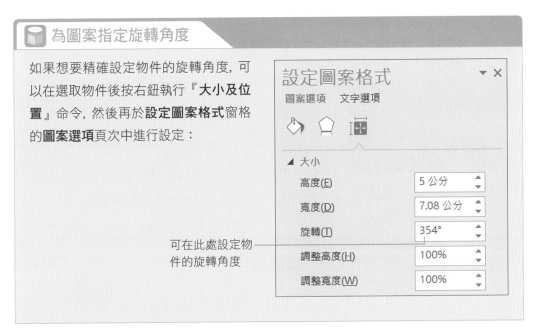

為圖案套用樣式與填入色彩、圖樣

快取圖案繪製後，預設會根據您目前使用的佈景主題填入顏色，若您不滿意目前的效果，可以切換到**繪圖工具/格式**頁次來美化圖案。請開啟範例檔案 Ch09-04，切換到第 2 張投影片，我們來試試如何為快取圖案套用樣式：

點選要套用的色彩樣式　　　　　　　　　　更換色彩前　　　　　　更換色彩樣式

如果沒有想要的效果，你也可以自訂圖案的色彩。請選定快取圖案，再按下**圖案填滿**鈕，設定圖案底色，或指定其它的填色效果：

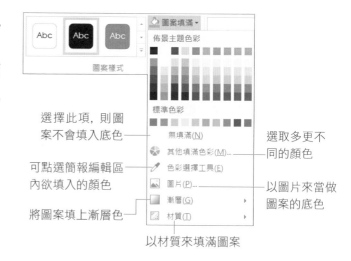

選擇此項，則圖案不會填入底色

可點選簡報編輯區內欲填入的顏色

將圖案填上漸層色

選取多更不同的顏色

以圖片來當做圖案的底色

以材質來填滿圖案

自訂單一色彩

若色盤中沒有想要的色彩，可按下**圖案填滿**鈕執行**其他填滿色彩**項目開啟**色彩**交談窗，自訂喜歡的色彩：

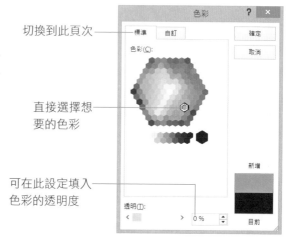

切換到此頁次

直接選擇想要的色彩

可在此設定填入色彩的透明度

顏色不夠用的話, 還可以切換到**自訂**頁次, 來選取更多的顏色：

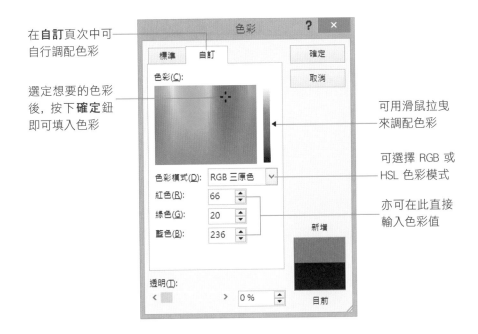

在**自訂**頁次中可
自行調配色彩

選定想要的色彩
後, 按下**確定**鈕
即可填入色彩

可用滑鼠拉曳
來調配色彩

可選擇 RGB 或
HSL 色彩模式

亦可在此直接
輸入色彩值

填入簡報編輯區的顏色

為使簡報風格統一, 我們可以控制簡報中圖形使用的顏色數量來達成。想要套用已填入圖形的顏色, 又不想慢慢點選、尋找正確的顏色, 可利用『**色彩選擇工具**』來快速點選：

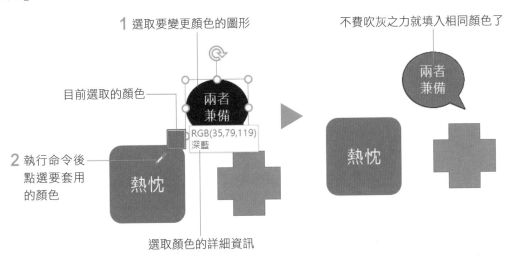

1 選取要變更顏色的圖形

不費吹灰之力就填入相同顏色了

目前選取的顏色

2 執行命令後
點選要套用
的顏色

選取顏色的詳細資訊

以圖片作為底色

若要使用自己準備的圖片當作底色，可按下**圖案填滿鈕**的**圖片**項目開啟**插入圖片**交談窗，再自行選擇來源圖片，按下**插入**鈕即可套用：

1 點選此項　　　　　　　　　**2** 按下**瀏覽**鈕

　　　　　　　　　　　　　　　　　　　　　　　　　　　亦可上網搜尋圖片

3 選擇儲存圖片的資料夾

4 點選欲插入的圖片

5 按下此鈕即可完成套用

填滿漸層色彩

如果想要填入漸層色彩，可按下**圖案填滿**鈕的**漸層**項目來選擇顏色：

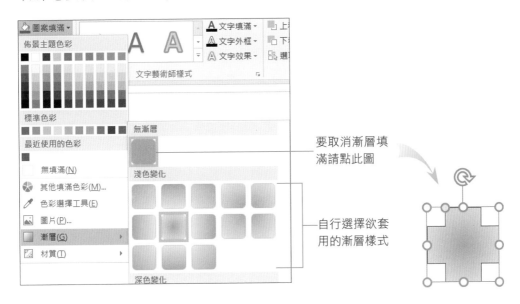

要取消漸層填滿請點此圖

自行選擇欲套用的漸層樣式

若要自訂漸層樣式，請按下**圖案填滿**鈕後，點選『**漸層**』命令，再執行『**其他漸層**』命令開啟**設定圖案格式**交談窗：

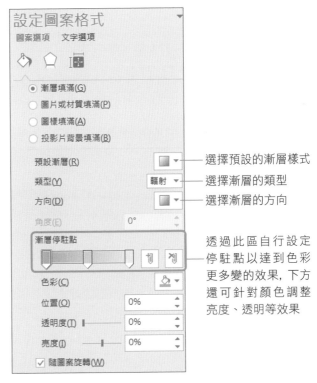

選擇預設的漸層樣式

選擇漸層的類型

選擇漸層的方向

透過此區自行設定停駐點以達到色彩更多變的效果，下方還可針對顏色調整亮度、透明等效果

漸層是由 2 個以上的純色漸變而成的，也就是說，漸層是由幾個顏色演變成的，相對就會有幾個停駐點，您可以自行增減停駐點並更改其顏色，以調配出想要的漸層色。

材質填滿

　　若要使用內建的材質圖片填滿快取圖案, 可按下**繪圖工具/格式**頁次下**圖案填滿**鈕的**材質**項目來選擇材質:

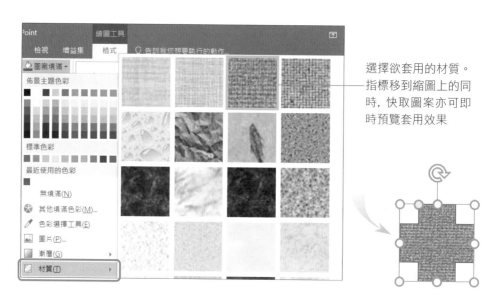

選擇欲套用的材質。指標移到縮圖上的同時, 快取圖案亦可即時預覽套用效果

　　若要進階設定材質效果, 請按下**圖案填滿**鈕執行『**材質/其他材質**』命令開啟**設定圖案格式**窗格來進行設定:

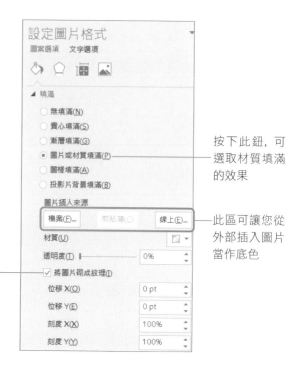

按下此鈕, 可選取材質填滿的效果

此區可讓您從外部插入圖片當作底色

勾選此項, 則圖片或材質會以原圖尺寸連續地填滿快取圖案;反之, 若取消此項, 圖片或材質會自動放大或縮小成適合的尺寸, 以填滿快取圖案

設定圖案的框線

　　快取圖案的框線也是一項設計的重點。請切換到範例檔案 Ch09-04 第 3 張投影片，再如下練習設定圖案的框線：

01 選定下方的矩形快取圖案，然後切換到**繪圖工具/格式**頁次，按下**圖案樣式**區的**圖案外框**鈕，再從**寬度**選項中設定框線的粗細：

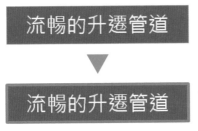

例如選此項

02 接著要變更框線的樣式，請同樣按下**圖案樣式**區的**圖案外框**鈕，再從**虛線**選項中設定框線的粗細：

選此項

執行此命令，可自訂框線的樣式

變更線條兩端的箭頭符號

　　任何非封閉曲線 (也就是兩端沒有接合在一起的線條)，都可以在線條的起點與終點加上箭號，但封閉曲線則無法加上箭號。接續上例，再如下練習如何設定箭頭的樣式：

STEP 01 請先如上述的操作, 替第 3 張投影片中間的線段套用 **6 點**的寬度:

框線的寬度不只可套用在圖案的外框, 線段的設定方法也是一樣

STEP 02 選取線段圖案, 再按下**圖案外框**鈕從**箭號**選項中設定要套用的樣式:

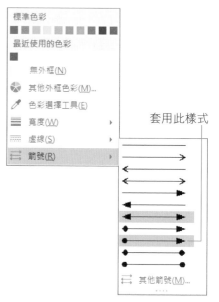

套用此樣式

若是執行『**箭號/其他箭號**』命令, 還可以設定其它箭頭樣式:

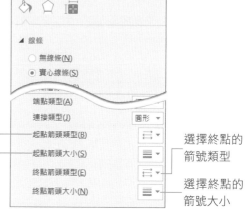

選擇起點的箭號類型

選擇起點的箭號大小

選擇終點的箭號類型

選擇終點的箭號大小

為圖案套用反射效果

調整好圖案的顏色、外框後，還可以為快取圖案加上不同的視覺效果，例如：陰影、反射、立體化、…等，讓快取物件更加富有變化。請利用範例檔案 Ch09-04 第 3 張投影片上方的 4 個圖案來練習，我們以套用**反射**效果為例：

套用此項

選此項可以設定反射的大小、透明度等效果

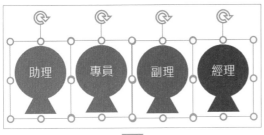

◀ 同時選取 4 個圖案

◀ 套用反射效果

 除了透過功能區上的按鈕來設定圖案的樣式、填色與外框，也可以在圖案上按右鈕，利用自動顯示的**迷你工具列**來快速調整。

9-7 適時插入文字方塊做補充說明

在繪製「圖說文字」類快取圖案時，我們已學會如何在圖案上輸入文字，這一節則要介紹「文字方塊」的用法，幫我們在版面配置區以外的區域加入文字，讓版面更靈活運用。

建立文字方塊

請接續範例檔案 Ch09-04 第 4 張投影片，我們要在投影片的最後利用文字方塊來加入一些提醒事項。請切換到**插入**頁次，按下**文字**區中的**文字方塊**鈕，選擇要加入**水平文字方塊**，然後在投影片上要加入文字的地方按一下：

最後按一下框線以外的地方，結束編輯狀態。若要再次編輯文字，請將滑鼠指標移至文字方塊內按一下，出現插入點後即可輸入或刪除文字。而文字方塊的編輯、選取都和快取圖案一樣，所以只要先選取文字方塊，就可以比照前面幾節的介紹，來變更文字方塊的字形與樣式。例如我們為此文字方塊套用樣式：

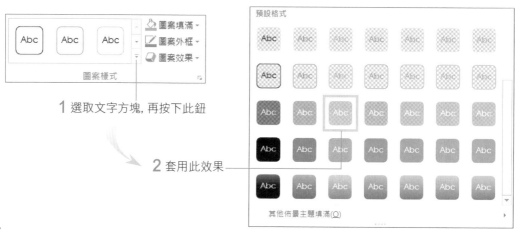

文字方塊的格式設定

接著再針對文字方塊專屬的格式設定做說明，例如文字在文字方塊中的位置、文字與邊框的距離等。請選取剛剛加入的文字方塊，然後按下右鈕在開啟的快顯功能表中選擇『設定圖案格式』命令，會開啟如下的**設定圖案格式**窗格：

9-8 使用「文字藝術師樣式」讓文字更立體

「文字藝術師樣式」是專門用來創造藝術字的工具，善用這項工具可以讓投影片中的文字更具立體效果。

這裡我們利用範例檔案 Ch09-04 第 2 張投影片的快取圖案來練習：

STEP 01 此例我們套用了較粗的字型，套用**文字藝術師樣式**的效果會更加突顯：

STEP 02 選取要套用樣式的圖案，再切換到**繪圖工具/格式**頁次，按下**文字藝術師樣式**區的**其他鈕** ，由列示窗選擇一種文字樣式：

套用此樣式

如果對於目前套用的樣式不滿意，可以選取快取圖案，再套用其它的樣式；若要移除效果，請再次按下**文字藝術師樣式**列示窗的**其他鈕** ，執行『**清除文字藝術師**』命令。

CHAPTER

10

使用輔助工具
管理物件

想要讓投影片中的物件排列得更整齊、想了解怎麼變更物件的層次順序，本章將傾囊相授這些物件的管理技巧，讓您在安排投影片的物件時能更加得心應手。

- 群組多個物件方便一起調整
- 調整物件的上下順序
- 物件對齊與等距設定
- 尺規、格線與輔助線的運用

owerPoint

10-1 群組多個物件 方便一起調整

當投影片上的多個物件要一起移動、變更大小時，我們可以將要一起調整的多個物件組成單一物件，以便進行後續的調整，這個由多個物件組成的單一物件稱做「群組物件」。

將多個物件組成群組

請開啟範例檔案 Ch10-01 並切換到第 2 張投影片，其中我們已事先放入了 3 張圖片，以下來練習如何把多張圖片群組起來。

1 按住 Ctrl 鍵一一點選 3 張圖片

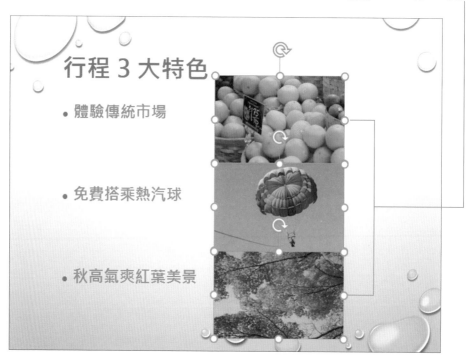

2 在圖片上按右鈕執行『**群組/組成群組**』命令

群組成一個
物件了

現在試著拉曳這個群組物件來調整位置，您會發現群組物件中的每個物件都一起移動了；調整大小時群組起來的物件也會一起放大或縮小。

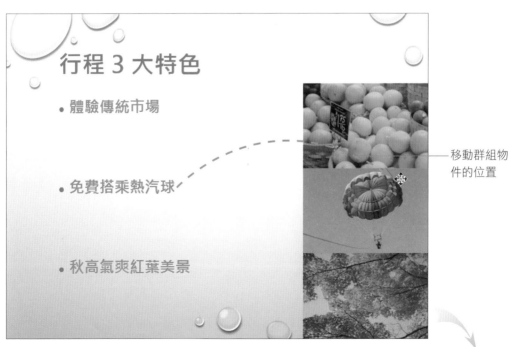

移動群組物
件的位置

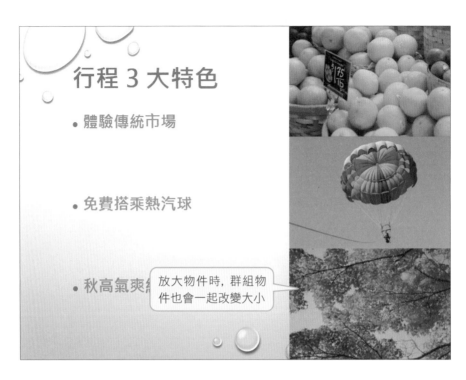

放大物件時, 群組物件也會一起改變大小

 調整物件大小時, 按住 Shift 鍵可「等比例」放大或縮小物件。

編輯群組中的物件

若想要個別編輯群組中的物件, 不必取消群組就可個別編輯。接續前例, 假設我們要調整中間圖片的顏色, 可如下操作進行編輯:

 STEP 01 首先選取群組中要編輯的物件:

1 點選群組物件

2 按一下要編輯的
物件, 選取的物件
會出現 8 個控點

STEP
02 接著切換到**圖片
工具/格式**頁次,
再按下**調整**區
的**校正**鈕, 從中
選取一個喜歡
的效果來套用:

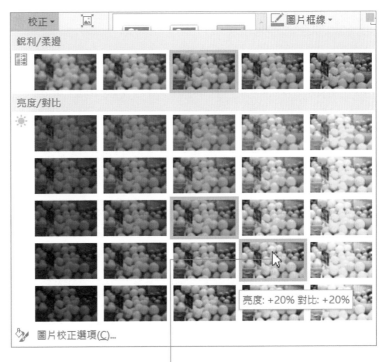

套用此效果

群組中只有選取的
圖片會套用效果，
其它則不受影響

取消與復原群組

想要讓群組物件恢復成各自獨立的物件，只要先選定該群組，再按右鈕執行『**群組/取消群組**』命令，物件就會恢復成各自獨立的物件了。

若要恢復取消的群組關係，您可以在曾是群組物件一份子的物件上按右鈕執行『**群組/復原群組**』命令，回復群組關係。

除了按右鈕執行命令，也可切換到**圖片工具/格式**頁次，在**排列**區按下**群組**鈕，進行物件的組成群組、復原群組與取消群組等動作。

 如果群組的物件是在**插入**頁次中按**圖案**鈕所插入的圖案，則是要切換到**繪圖工具/格式**頁次來進行物件的組成群組、取消與復原群組等操作。

10-2 調整物件的上下順序

投影片中的物件是根據繪製或插入的先後順序層層疊放的，先畫好的物件會放在下層，後來畫的便疊在上層，若有需要也可以自行調整物件的上下順序，或變更圖片與文字配置區的上下關係。

改變物件的排列層次

請切換到範例檔案 Ch10-01 的第 3 張投影片，我們已事先在投影片上輸入了文字，但覺得版面太單調，於是放入了 3 張已群組起來的圖片。文字現在看不到了，以下就來練習將圖片物件移到最下層，以便顯示文字：

2 按右鈕執行『**移到最下層**』命令

1 選定最上層的圖片物件

圖片物件移到最下層了

至於**移到最上層**的操作方法也是一樣，您可以自行練習。

也可以切換到**常用**頁次，按下**繪圖**區的**排列**鈕；或切換到**繪圖工具/格式**頁次按下**排列**區的**上移一層**鈕與**下移一層**鈕進行物件順序的調整。

暫時隱藏物件

當投影片中有許多物件，為了方便做個別調整，可將壓在上面的物件暫時隱藏起來。以剛才調整順序的範例檔案 Ch10-01 第 3 張投影片來說，做為襯底的圖片顏色太重了，但文字配置區又壓在圖片之上，此時可以先隱藏文字配置區，待調整好圖片的顏色再重新顯示文字。

STEP 01 請切換至**常用**頁次，按下**編輯**區的**選取**鈕，點選**選取窗格**項目，便會出現**選取範圍**工作窗格：

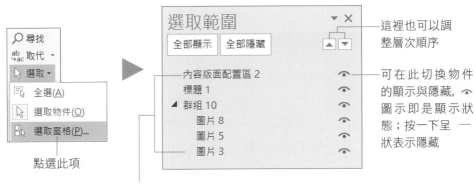

點選此項

這裡也可以調整層次順序

可在此切換物件的顯示與隱藏， ◉ 圖示即是顯示狀態；按一下呈 ─ 狀表示隱藏

這裡會列出投影片中的所有物件，在物件名稱上雙按可替物件重新命名

STEP 02 我們現在要將文字配置區隱藏起來，請按下工作窗格中**內容版面配置區 2** 右側的 ◉ 鈕，使其呈 ─ 狀：

文字配置區被隱藏起來了

按下此鈕切換顯示或隱藏狀態

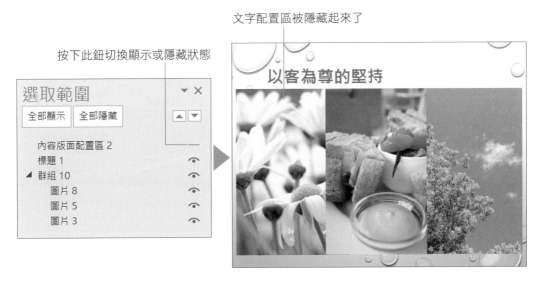

03 如此一來要調整圖片就簡單多了。請選取圖片，再切換至**圖片工具/格式**頁次，按下**調整**區的**色彩**鈕，套用喜歡的效果：

1 套用此效果

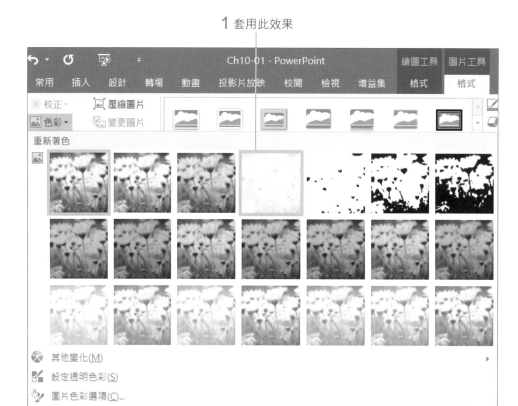

2 再由工作窗格
重新顯示文字
配置區，文字
就清晰可見了

當投影片上建立了多個物件或圖片, 常需要讓物件對齊排列, 或使物件的水平、垂直距離相等, 看起來才會平穩、美觀。PowerPoint 也提供了對齊及等距的選項設定, 方便我們快速對齊物件。

物件的水平及垂直對齊

對齊物件時, 可分為垂直與水平 2 種對齊方式。以範例檔案 Ch10-02 的第 2 張投影片為例, 我們要讓中間的 3 個圓角矩形能對齊, 請先配合 Shift 鍵選取 3 個圖案, 然後切換至**繪圖工具/格式**頁次, 按下**排列**區的**對齊**鈕選擇對齊方式:

■ 上移一層 ▼	⊨ 對齊 ▼	⏋ 3 公分
■ 下移一層 ▼		
🔓 選取窗格		
排列		

- ⊨ 靠左對齊(L)
- 吕 水平置中(C) ——
- ⊣ 靠右對齊(R)
- ⊓⫪ 靠上對齊(T)
- ⊡⊞ 垂直置中(M) 在此選擇此命令
- ⫫⊔ 靠下對齊(B)
- ⊓⊓ 水平均分(H)
- 吕 垂直均分(V)
- 貼齊投影片(A)
- ✓ 對齊選取的物件(O)

 如果要對齊的物件是圖片, 則是要切換到**圖片工具/格式**頁次來設定對齊方式。

選擇要對齊的圖案

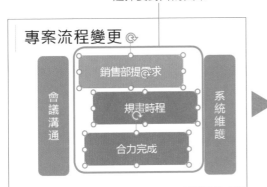

向中間對齊了

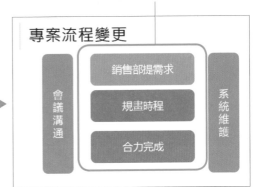

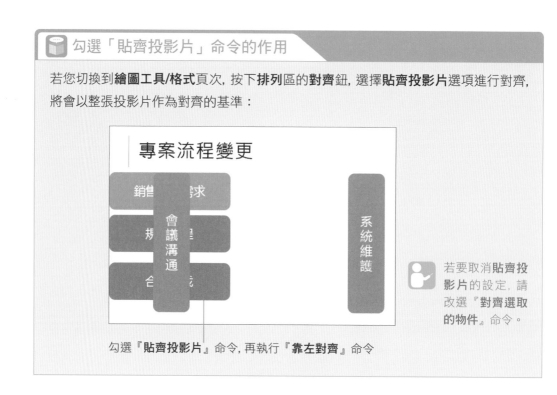

勾選「貼齊投影片」命令的作用

若您切換到**繪圖工具/格式**頁次，按下**排列**區的**對齊**鈕，選擇**貼齊投影片**選項進行對齊，將會以整張投影片作為對齊的基準：

專案流程變更

銷售需求

規劃理

會議溝通

合約更

系統維護

若要取消**貼齊投影片**的設定，請改選『**對齊選取的物件**』命令。

勾選『**貼齊投影片**』命令，再執行『**靠左對齊**』命令

利用「智慧型指南」對齊物件

除了利用**對齊**按鈕來對齊物件之外，在拉曳物件時預設會顯示**智慧型指南**幫助我們對齊，以範例檔案 Ch10-02 第 2 張投影片為例，雖然 3 個圖案已經對齊了，但沒有與左右兩側的棕色矩形對齊，請先如下確認已啟動**智慧型指南**功能，再進行對齊設定：

STEP 01 請先在投影片的空白處按下右鈕，執行『**格線與輔助線**』命令，確認已勾選『**智慧型指南**』命令，若無勾選，請按一下此命令：

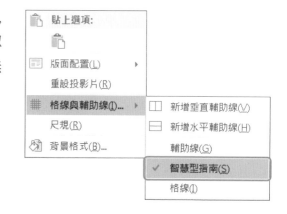

貼上選項：

版面配置(L)
重設投影片(R)
格線與輔助線(I)...
尺規(R)
背景格式(B)...

新增垂直輔助線(V)
新增水平輔助線(H)
輔助線(G)
✓ 智慧型指南(S)
格線(I)

STEP 02 接著拉曳下方的綠色方塊，大約到與兩側棕色方塊對齊下緣的位置，就會自動顯示一條對齊的虛線，方便我們進行對齊，這就是**智慧型指南**的作用：

拉曳時即可參考
預視線來對齊

還會出現等距箭頭方便我們更精準的對齊

物件等距分佈

　　選定超過 3 個以上 (含 3 個) 的物件時，還可以選擇讓物件以水平或垂直等距分佈，接續剛才對齊的 3 個物件，繼續練習垂直對齊設定：

2 切換至**繪圖工具/格式**頁次，按下**排列**區的**對齊**鈕，選擇**垂直均分**命令

1 選定要設定的物件

物件間的垂直距離均等了

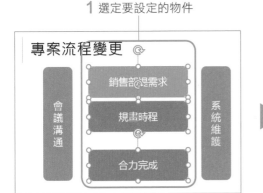

10-4 尺規、格線與輔助線的運用

用滑鼠對齊物件、調整大小的方法, 相信您已經很熟悉了, 但若想精確地將某個物件調整成「5 公分 × 5 公分」的大小, 該怎麼做呢？這一節我們要說明如何精確指定物件的位置及大小。

顯示尺規、格線及輔助線幫助物件對齊

透過 PowerPoint 的**尺規**及**輔助線**這兩樣輔助工具, 可以很方便地將物件移到正確的位置上。我們利用範例檔案 Ch10-02 第 3 張投影片, 來認識尺規、格線及輔助線。

先在投影片上按右鈕勾選『**尺規**』項目, 投影片的上方及左方便會出現水平及垂直尺規。接著在投影片上按右鈕執行『**格線與輔助線**』命令, 開啟**格線及輔助線**交談窗, 可以選擇是否要出現格線與輔助線：

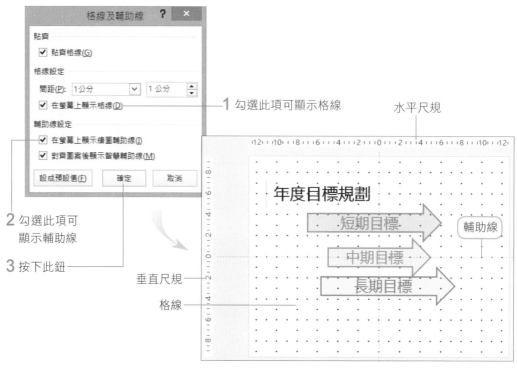

▲ 簡報視窗中出現尺規、格線和輔助線了

　　若要隱藏尺規、格線或輔助線，只要再次分別執行相同的命令，取消勾選即可。在此我們就先將格線的設定取消，讓畫面看起來不會太花，以方便後續的練習。

調整物件位置

　　我們馬上來試試看如何運用尺規及輔助線調整物件的位置，在此要利用輔助線來對齊圖案。

STEP 01 將滑鼠指標放在垂直輔助線上，按住左鈕往左拉曳到刻度 5 的位置：

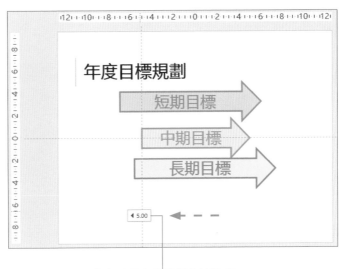

拉曳時可參考指標上的數字

STEP 02 再拉曳 3 個圖案以對齊輔助線，並設定 3 個圖案為**垂直均分**，這就是輔助線的基本作用。

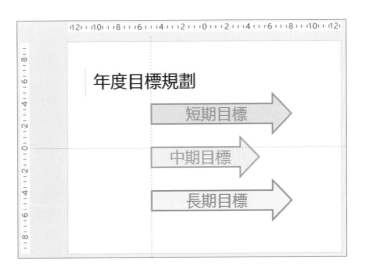

除了尺規和輔助線, 我們還可以在交談窗中指定物件的位置。選定物件後, 請按右鈕執行『**大小及位置**』命令, 開啟**設定圖案格式**窗格, 並展開**位置**選項來設定:

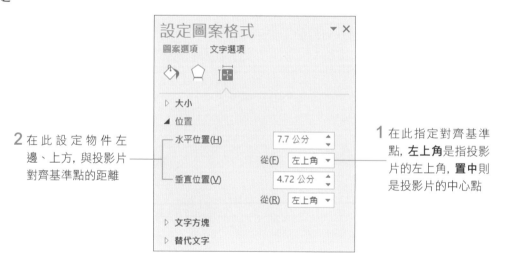

2 在此設定物件左邊、上方, 與投影片對齊基準點的距離

1 在此指定對齊基準點, **左上角**是指投影片的左上角, **置中**則是投影片的中心點

指定物件的大小

若要將物件的大小指定成固定的尺寸, 例如 1 公分 × 5 公分, 用滑鼠拉曳的方法比較難準確的控制, 不過有一個既容易又精準的辦法。請將範例檔案 Ch10-02 切換到第 4 張投影片, 並如下操作:

STEP 01 此例我們要將項目下的矩形方塊，依正確的比例來表示。請先選取投影片上要調整的物件，再切換至**繪圖工具/格式**頁次，在**大小**區進行設定：

以第 1 季的圖為例，先設定高為 1 公分，再依 6 個專案數量設定為寬 6 公分

物件已變成指定的大小了

年度檢討

◆第 1 季 (1 月至 3 月) : 完成 6 專案

◆第 2 季 (4 月至 6 月) : 完成 4 專案

年度檢討

◆第 1 季 (1 月至 3 月) : 完成 6 專案

◆第 2 季 (4 月至 6 月) : 完成 4 專案

STEP 02 接著請重複以上的操作，為其它項目下的矩形方塊設定大小，例如第 2 季完成 4 個專案，請設定為 1 公分 × 4 公分，以此類推完成此部份的練習。

年度檢討

◆第 1 季 (1 月至 3 月) : 完成 6 專案

◆第 2 季 (4 月至 6 月) : 完成 4 專案

◆第 3 季 (7 月至 8 月) : 完成 3 專案

◆第 4 季 (9 月至 12 月) : 完成 7 專案

我們也可以藉由指定物件縮放比例來調整大小，例如圖案的尺寸太大時，可由此設定縮小至 90%。請先選取要設定的物件，在物件上按右鈕執行『**大小及位置**』命令，開啟**設定圖案格式**窗格，由**大小**選項來設定：

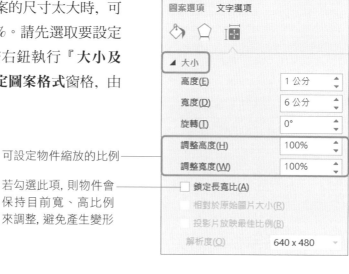

可設定物件縮放的比例 ──

若勾選此項，則物件會保持目前寬、高比例來調整，避免產生變形

如果選取了圖片，並如上述設定圖片的縮放比例，還可以勾選**相對於原始圖片大小**及**投影片放映最佳比例**選項：

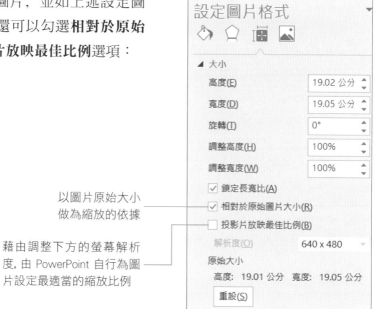

以圖片原始大小做為縮放的依據

藉由調整下方的螢幕解析度，由 PowerPoint 自行為圖片設定最適當的縮放比例

看完本章的介紹之後，相信您對投影片中的物件排列更有心得了，善用這些輔助工具來管理物件，就能讓投影片中的物件更加整齊美觀，整體而言也會有更佳的視覺效果。

CHAPTER

11

使用「SmartArt」
繪製視覺化圖形

PowerPoint 的 SmartArt 圖形,可讓你用視覺
化的呈現方式來傳遞訊息或想法,例如流程
圖、組織圖、矩陣圖、金字塔圖、階層圖…
等,幫你快速建立專業又美觀的示意圖,讓觀
眾看了便一目瞭然。

- 建立 SmartArt 圖形
- SmartArt 圖形的編輯與美化
- SmartArt 個別圖案的編輯與美化

11-1 建立 SmartArt 圖形

SmartArt 是以圖形化的方式呈現文字資訊, 當你需要建立組織圖、階層圖、工作流程、矩陣圖、金字塔圖…等, 就可以使用內建的各種 SmartArt 圖形來建立, 再依內容輸入文字, 就能快速繪製完成。

插入 SmartArt 圖形並輸入內容

我們實地來練習在投影片中插入 SmartArt 圖形, 請開啟範例檔案 Ch11-01, 並切換至第 2 張投影片。

STEP 01 我們已為這張投影片套用**標題及物件**的版面配置, 請如下挑選適合的圖形:

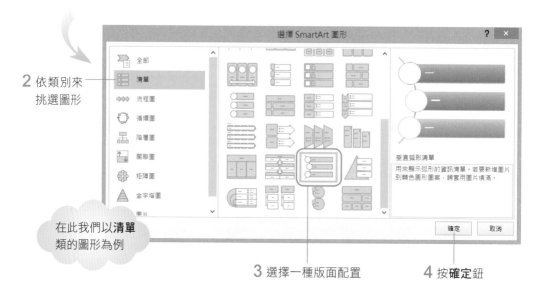

要在套用其它版面配置的投影片中插入 SmartArt 圖形, 可切換到**插入**頁次, 按下**圖例**區的 **SmartArt** 鈕。

STEP 02　在投影片中插入圖形後, 請按一下圖形上的[**文字**], 顯示插入點即可輸入文字:

也可以在此輸入文字　　　　　　在圖形中按一下[**文字**], 即可輸入文字

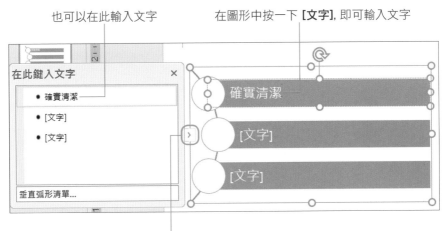

按此鈕可關閉左側的文字窗格

STEP 03　輸入完第 1 個圖案所要顯示的文字後, 再按下第 2 及第 3 個條列項目的文字, 繼續輸入內容。

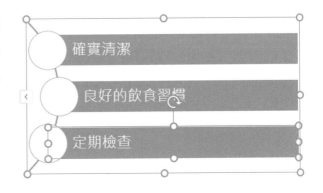

如果發覺項目不夠用, 需要新增項目的話, 可透過**文字窗格**來快速新增項目。請按下 SmartArt 圖形左側的 ⟨ 鈕展開**文字窗格**:

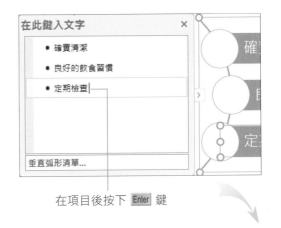

在項目後按下 Enter 鍵

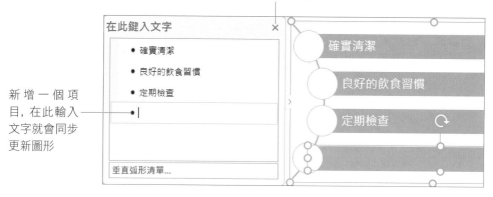

按下此鈕可關閉此窗格

在此鍵入文字　　　×

- 確實清潔
- 良好的飲食習慣
- 定期檢查
- |

新增一個項目, 在此輸入文字就會同步更新圖形

垂直弧形清單...

確實清潔

良好的飲食習慣

定期檢查

你可以將 SmartArt 圖形的項目, 視為我們學過的自動項目符號來操作, 按下 Enter 鍵可新增一個項目；按下 Tab 鍵可調降一個層級；改按 Shift + Tab 鍵可調升一個層級。

若要刪除多餘的項目, 可選取 SmartArt 圖形內要刪除的圖案, 直接按下 Delete 鍵進行刪除。

這裡練習的**清單**類型, 新增項目的動作較單純, 待 11-3 節我們再介紹階層圖新增上、下, 或左、右圖案的操作方法。

將條列項目轉換成 SmartArt 圖形

我們還可以將已輸入的條列項目轉換成 SmartArt 圖形, 請接續範例檔案 Ch11-01, 並切換到第 3 張投影片學習以下的操作。

STEP 01 第 3 張投影片已事先輸入了條列文字, 請選取文字配置區：

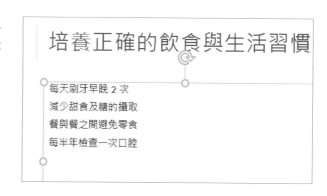

培養正確的飲食與生活習慣

每天刷牙早晚 2 次
減少甜食及糖的攝取
餐與餐之間避免零食
每半年檢查一次口腔

STEP 02 切換到**常用**頁次, 按下**段落**區的**轉換成 SmartArt** 鈕, 然後挑選一種適合的樣式, 請如下操作:

1 按下此鈕

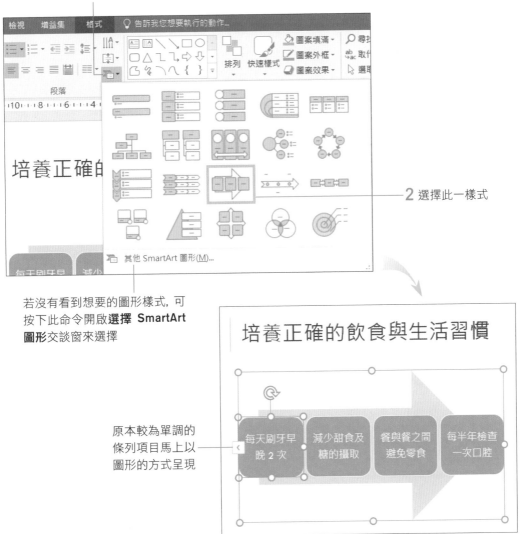

2 選擇此一樣式

若沒有看到想要的圖形樣式, 可按下此命令開啟**選擇 SmartArt 圖形**交談窗來選擇

原本較為單調的條列項目馬上以圖形的方式呈現

如果建立好 SmartArt 圖形後才發現有錯字, 只要將指標移到圖案中按一下, 待出現插入點, 即可修改文字。

調整 SmartArt 圖形的大小及位置

　　建立好 SmartArt 圖形後，其大小及位置可能還需要調整。接續剛才的範例檔案 Ch11-01 第 2 張投影片建立的 SmartArt 圖形，練習調整大小及位置：

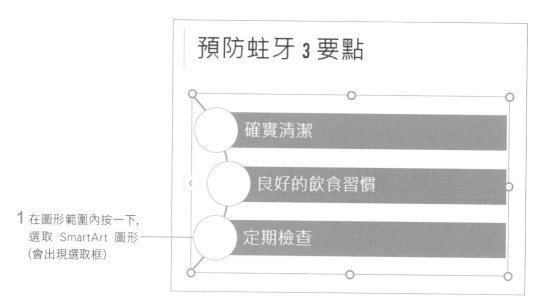

1 在圖形範圍內按一下，選取 SmartArt 圖形（會出現選取框）

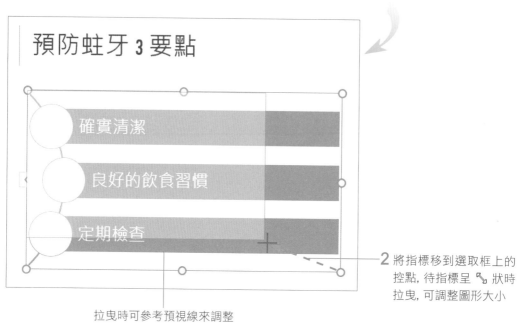

2 將指標移到選取框上的控點，待指標呈 ↖ 狀時拉曳，可調整圖形大小

拉曳時可參考預視線來調整

如果想更精確地指定 SmartArt 圖形的大小, 可在選取圖形後切換到 **SmartArt 工具/格式**頁次, 按下**大小**鈕來指定圖形的寬度及高度。

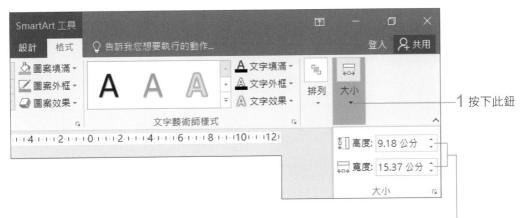

1 按下此鈕

2 在此輸入數值, 指定圖形的寬度及高度

要移動 SmartArt 圖形的位置, 只要將指標移到選取框上, 此時指標會呈 狀, 按住滑鼠不放將圖形拉曳到目的地即可。

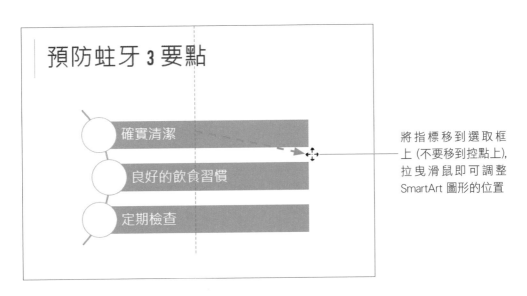

將指標移到選取框上 (不要移到控點上), 拉曳滑鼠即可調整 SmartArt 圖形的位置

 移動圖表位置時, 可配合按住 Shift 鍵, 讓圖表保持水平或垂直位置來移動。

11-2 SmartArt 圖形的編輯與美化

在已套用佈景主題的簡報上建立 SmartArt 圖形，預設會套用佈景主題的配色，如果對於配色不滿意、看起來太單調，都可以再加以調整，讓它看起來更有設計感，或更立體。

變更 SmartArt 圖形的版面配置

建立好 SmartArt 圖形後，若想再更換成其他版面配置，也可以輕鬆轉換。同樣以範例檔案 Ch11-01 為例，請切換至第 3 張投影片，再選取 SmartArt 圖形，然後切換到 **SmartArt 工具/設計**頁次，在**版面配置**區中挑選適合的樣式。

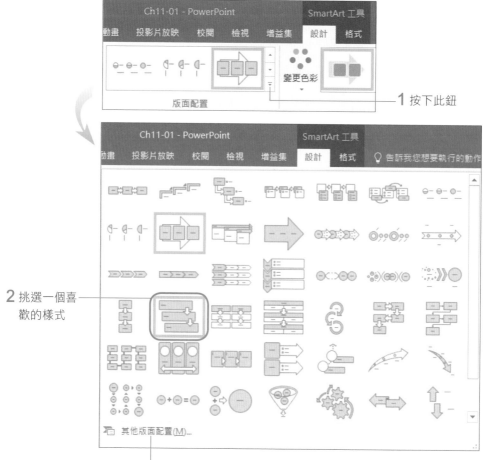

或是選擇此命令，開啟**選擇 SmartArt 圖形**交談窗來挑選

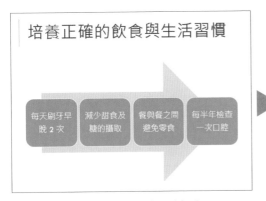

▲ 原本的圖形只表現出流程步驟的概念

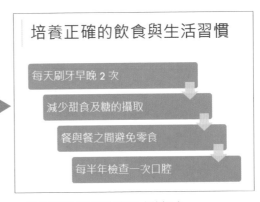

▲ 新的圖形可表現出步驟式的概念

在 SmartArt 圖形內加入圖片

　　SmartArt 圖形主要是以圖形化的方式呈現文字資訊，若你套用了預留圖片區域的 SmartArt 圖形樣式，還可以在圖形內放入適合的圖片來加以裝飾，例如以下幾種圖形就是具有圖片區域的版面配置：

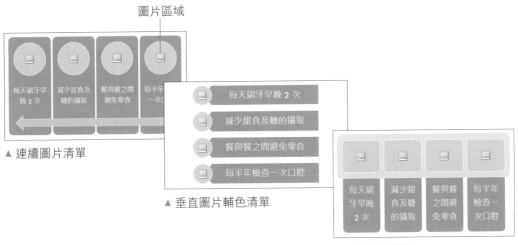

圖片區域

▲ 連續圖片清單

▲ 垂直圖片輔色清單

▲ 水平圖片清單

　　選擇這類的版面配置，只要按下其中的 🖼 鈕，即可開啟**插入圖片**交談窗，將圖片插入到 SmartArt 圖形中。例如我們再將剛剛那張投影片中的 SmartArt 圖形改成**連續圖片清單**的樣式，即可為每個文字項目搭配實際拍攝的照片，整體看起來就更有說服力了！

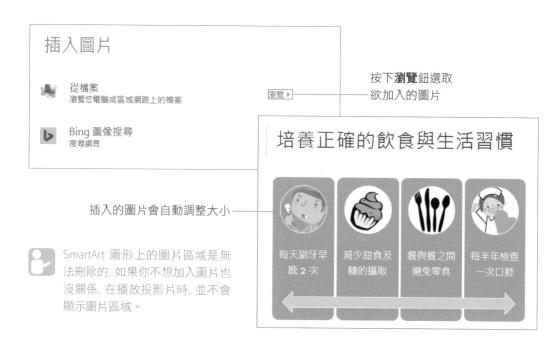

按下**瀏覽**鈕選取
欲加入的圖片

插入的圖片會自動調整大小

SmartArt 圖形上的圖片區域是無法刪除的, 如果你不想加入圖片也沒關係, 在播放投影片時, 並不會顯示圖片區域。

變更 SmartArt 圖形的色彩

我們再來學學變更 SmartArt 圖形的配色。以範例檔案 Ch11-01 第 2 張投影片的圖形為例, 先選取圖形後, 再切換到 **SmartArt 工具/設計**頁次來變更圖形的配色。

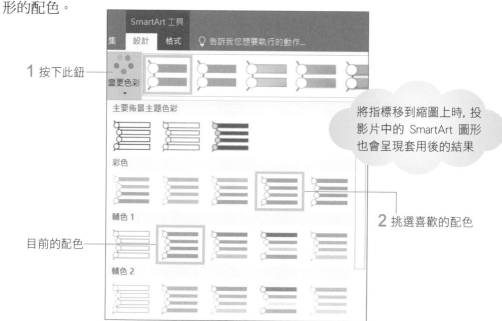

1 按下此鈕

將指標移到縮圖上時, 投影片中的 SmartArt 圖形也會呈現套用後的結果

2 挑選喜歡的配色

目前的配色

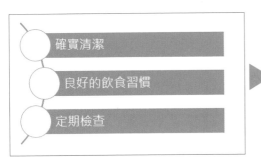

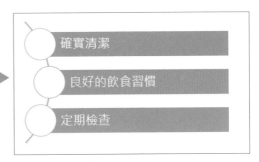

▲ 原本的配色

▲ 變更後的配色

讓 SmartArt 圖形更立體

　　變換 SmartArt 圖形的配色後，看起來更賞心悅目了，不過預設的圖形是平面的，若想讓圖形更立體，請先選取圖形，在 **SmartArt 工具/設計**頁次的 **SmartArt 樣式**區進行設定：

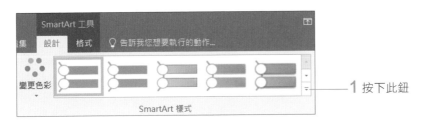

1 按下此鈕

2 從中選擇一種樣式

除了透過功能區來設定 SmartArt 圖形的色彩、樣式外，還可以直接選取 SmartArt 圖形並在圖形空白處按右鈕，利用**迷你工具列**來進行設定。

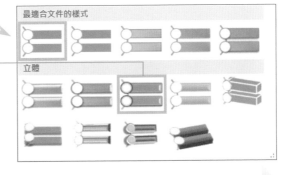

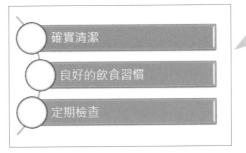

▶ 為 SmartArt 圖形套用立體效果

將立體圖暫時切換為平面圖以利編輯

如果你套用了具傾斜角度的立體樣式, 但又想修改圖形中的文字, 那麼可能會變得比較不方便, 這時候你可以切換到 **SmartArt 工具/格式**頁次, 按下**圖案**區的**平面圖編輯**鈕, 將圖形暫時切換成平面圖形, 待修改好文字後再按一下此鈕, 切換回立體樣式。

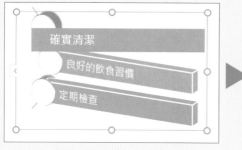

▲ 套用立體樣式後, 編輯其中的文字時圖案會變成有的立體、有的平面

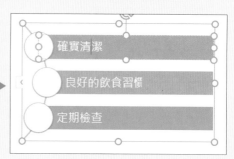

▲ 按下**平面圖編輯**鈕暫時切換回平面, 編輯完再按一下, SmartArt 會自動回復成立體

為 SmartArt 圖形的文字套用樣式

如果覺得 SmartArt 圖形中的文字不夠突顯, 還可以切換到**格式**頁次中的**文字藝術師樣式**區來設定文字樣式:

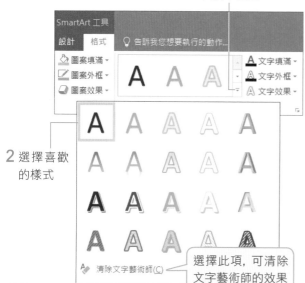

1 按下此鈕

2 選擇喜歡的樣式

選擇此項, 可清除文字藝術師的效果

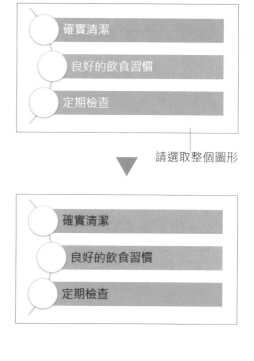

請選取整個圖形

11-3 SmartArt 個別圖案的編輯與美化

SmartArt 圖形其實是由一個個的繪圖物件及文字方塊所組成, 剛才我們是對整個 SmartArt 圖形做美化, 現在我們再來看看如何調整個別的圖案。

新增與刪除圖案

插入到投影片中的 SmartArt 圖形, 其圖案數量可能太多或太少, 以下我們將說明新增與刪除圖案的方法。

STEP 01 請開啟範例檔案 Ch11-02, 在第 2 張投影片中我們已事先建立了一個階層圖, 但該階層圖的圖案數量太少, 我們要先練習在第 2 層加入 "會計部"。請選取 "行銷部" 圖案, 然後切換到 **SmartArt 工具/設計**頁次, 按下**建立圖形**區**新增圖案**鈕的向下箭頭:

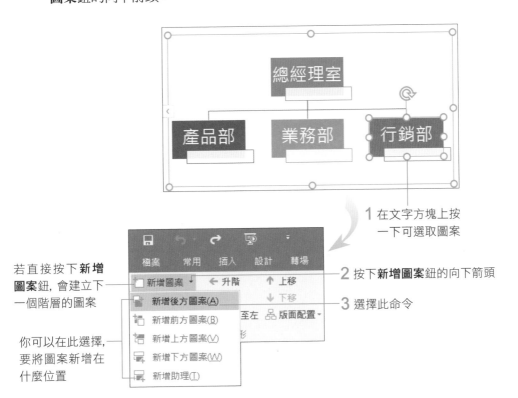

1 在文字方塊上按一下可選取圖案

若直接按下**新增圖案**鈕, 會建立下一個階層的圖案

你可以在此選擇, 要將圖案新增在什麼位置

2 按下**新增圖案**鈕的向下箭頭

3 選擇此命令

STEP 02 隨即會在 "行銷部" 右方新建一個圖案，請在圖案上按滑鼠右鈕，執行『**編輯文字**』命令，出現插入點後輸入 "會計部"。

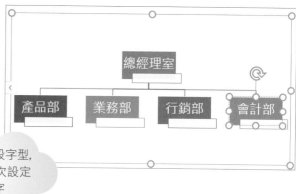

若不是套用預設字型，可先在**常用**頁次設定字型再輸入文字

STEP 03 接著要在 "業務部" 底下再建立一層，分別為 "內銷部" 及 "外銷部"。請選取 "業務部" 圖案，然後按下**新增圖案**鈕的向下箭頭，執行『**新增下方圖案**』命令，然後依步驟 2 的說明，在圖案中輸入 "內銷部"。

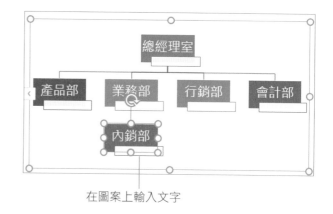

在圖案上輸入文字

STEP 04 最後請選取 "內銷部" 圖案，執行『**新增圖案/新增後方圖案**』命令，在右側建立一個 "外銷部" 的圖案並輸入文字，整個組織圖就完成了。

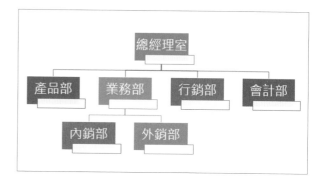

如果想刪除整個 SmartArt 圖形，請選取最外面的選取框，再按下 Delete 鍵；若要刪除 SmartArt 圖形中的圖案，請選取個別圖案後，再按下 Delete 鍵。

不論是新增或是刪除圖案, SmartArt 圖形都會自動調整版面, 如果要單獨調整圖案的大小, 只要在選取圖案後, 拉曳四周的控點即可。

變更個別圖案的形狀及大小

先前我們提過 SmartArt 圖形, 其實就是由繪圖物件及文字方塊所組成, 如果你不喜歡預設的圖案, 你也可以在選取圖案後, 切換到**格式**頁次, 再按下**圖案**區的**變更圖案**鈕來選擇其他圖案。

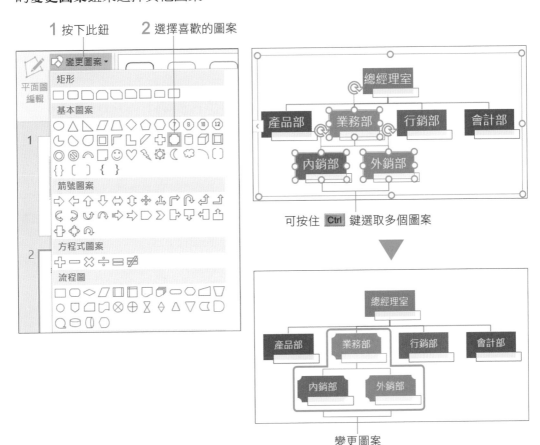

1 按下此鈕   2 選擇喜歡的圖案

可按住 Ctrl 鍵選取多個圖案

變更圖案

除了可選取圖案來變更形狀外, 也可以直接拉曳圖案的控點, 或利用**圖案**區的**放大**、**縮小**鈕來調整圖案的尺寸:

美化個別圖案

變更 SmartArt 圖形的整體樣式及色彩，圖案也會跟著變動，如果你想單獨為個別圖案套用樣式，請先選取圖案後，切換到 **SmartArt 工具/格式**頁次在**圖案樣式**區中做設定。我們再接續範例檔案 Ch11-02 的組織圖來練習，先選取其中的**行銷部**圖案，再如下變更其樣式：

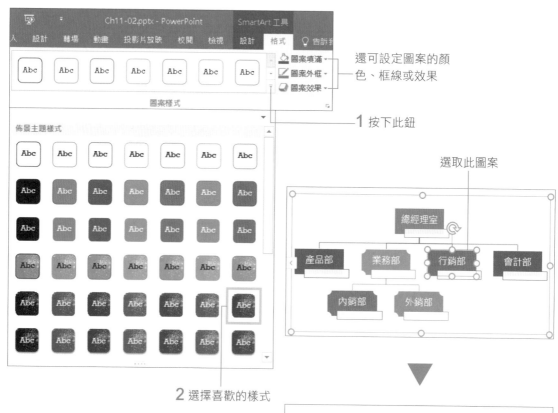

還可設定圖案的顏色、框線或效果

1 按下此鈕

選取此圖案

2 選擇喜歡的樣式

除了透過功能區來設定個別圖案的樣式外，還可以直接選取 SmartArt 圖形的圖案，並在圖案上按右鈕，利用**迷你工具列**來進行設定。

在圖案上按右鈕會顯示**迷你工具列**

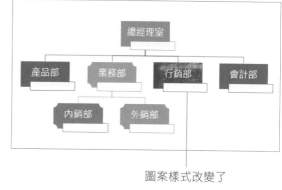

圖案樣式改變了

將 SmartArt 圖形儲存成圖片, 以便在舊版 PowerPoint 使用

SmartArt 圖形不僅專業, 又具有豐富的樣式可設定, 如果想將 SmartArt 圖形放入 PowerPoint 2000/XP/2003 製作的簡報檔中 (*.ppt), 或做其它利用, 可將 SmartArt 圖形儲存成圖片格式。

為避免日後需要再修改 SmartArt 圖形, 建議您先將簡報檔案儲存一份 *.pptx 格式, 再如下操作將 SmartArt 儲存成圖片。

STEP 01 我們以範例檔案 Ch11-03 為例, 請切換至第 2 張投影片並選取 SmartArt 圖形, 再如圖操作:

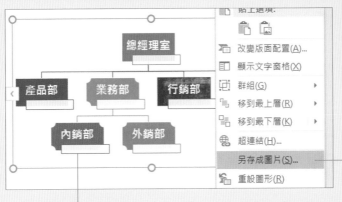

1 選取 SmartArt 圖形

2 按右鈕執行此命令

3 輸入檔名

4 拉下列示窗選擇要儲存的格式, 例如選擇 .jpeg 格式

5 按下**儲存**鈕

將 SmartArt 儲存成圖片後, 你就可用插入圖片的方式來應用了。例如開啟 PowerPoint 2000/XP/2003 格式的簡報檔, 切換到**插入**頁次, 按下**圖像**區的 **圖片**鈕, 將剛才儲存好的圖片插入到投影片中。

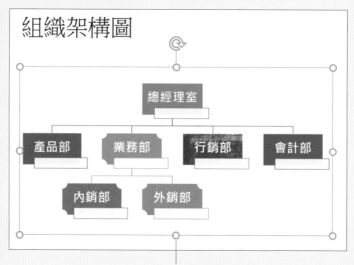

剛才的 SmartArt 圖形, 已經變成一般圖片了

若在簡報中建立了 SmartArt 圖形, 將簡報轉存為 PowerPoint 97-2003 的格式時, SmartArt 圖形也會自動轉存成圖片:

存檔時會顯示相容性檢查交談窗

為避免日後無法修改, 仍建議您先儲存一份 **PowerPoint 簡報** (*.pptx) 的格式, 再另存成 **PowerPoint 97-2003 簡報** (*.ppt) 的格式。

善用統計圖表
提高簡報說服力

在講述數據資料的時候，一張統計圖表往往
比繁瑣的文字說明更容易讓人了解，因此統
計圖表在簡報中使用的機會非常多，這一章
我們就來說明如何在投影片中建立統計圖表，
讓數字來說話。

- 在投影片中插入統計圖表
- 調整圖表的版面與外觀

12-1 在投影片中插入統計圖表

在 PowerPoint 繪製統計圖表時, 是藉助 Excel 的圖表功能來繪製, 你可以在投影片中直接輸入數據資料來繪製圖表, 也可以插入已在 Excel 事先畫好的圖表, 這一節我們就分別介紹這 2 種建立圖表的方法。

藉助 Excel 建立圖表

只要電腦裝有 Excel, 在投影片中插入統計圖表時, PowerPoint 就會自動啟動 Excel 來協助我們完成繪製圖表的工作。

STEP 01 請開啟範例檔案 Ch12-01, 我們要在第 2 張投影片插入產品銷售量統計圖表, 由於這張投影片已套用**標題及物件**版面配置, 所以直接按下配置區的**插入圖表**鈕 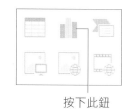 就能建立圖表:

按下此鈕

若是要在已輸入文字或套用其它版面配置的投影片上插入圖表, 則可切換至**插入**頁次, 按下**圖例**區的**圖表**鈕來建立。

STEP 02 隨即會出現**插入圖表**交談窗, 請在其中選擇你要繪製的圖表類型和樣式:

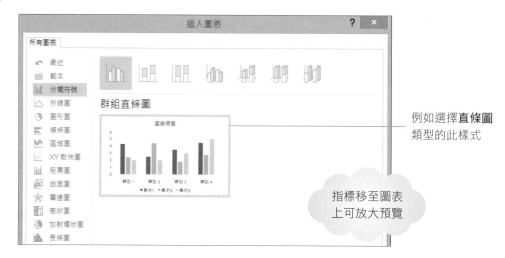

例如選擇**直條圖**類型的此樣式

指標移至圖表上可放大預覽

STEP 03 按下**確定**鈕後, 便會啟動 Excel 讓我們繪製統計圖表, 你可以調整 Excel 視窗的位置, 以方便編輯內容。

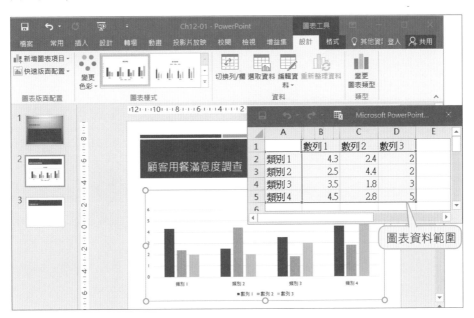

圖表資料範圍

STEP 04 目前投影片上的圖表, 是根據預設的資料所繪製, 請將 Excel 工作表中的資料換成自己的數據資料, 就能得到真正想要的統計圖表了:

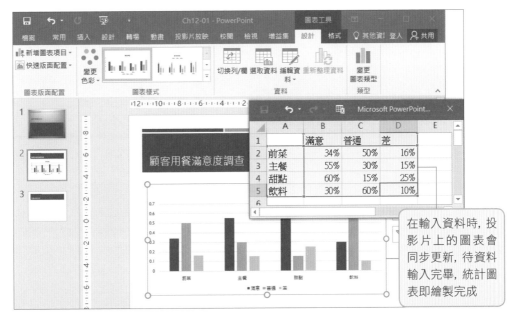

在輸入資料時, 投影片上的圖表會同步更新, 待資料輸入完畢, 統計圖表即繪製完成

拉曳右下角控點調整圖表資料範圍

工作表中的圖表資料範圍 (即用來繪製圖表的原始資料) 會用 "藍色框線" 圍住, 在輸入資料時, 若資料超出預設的資料範圍, Excel 會自動擴展藍色框線; 假如建立資料後, Excel 沒有正確地判斷出資料範圍, 你也可以自行拉曳藍色框線右下角的控點來調整圖表資料範圍:

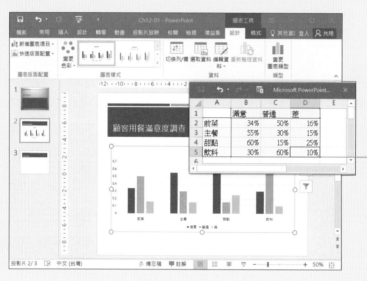

拉曳右下角控點調整圖表的資料範圍, 投影片上的圖表也會跟著自動更新

工作表中的圖表資料會合併儲存在簡報檔案中, 所以輸入資料後不需另外儲存 Excel 的活頁簿檔案, 待統計圖表畫好之後, 直接關閉 Excel 視窗就行了。

關閉 Excel 視窗後, 若要修改圖表的數據資料, 請在圖表物件上按一下以選取圖表, 此時圖表四周會出現框線, PowerPoint 視窗上方也會顯示**圖表工具**頁次, 在**設計**頁次的**資料**區按下**編輯資料**鈕, 便會再次啟動 Excel 顯示圖表的資料內容, 此時就可以修改資料、更新圖表了:

從 Excel 貼入現成的圖表

除了上述建立資料、繪製圖表的方法外，我們也可以先在 Excel 中將圖表畫好，再將這個圖表插入投影片中。而要將已建立的 Excel 圖表插入到投影片，只要用「複製/貼上」的方法就行了，PowerPoint 還會自動將圖表與 Excel 原始資料建立連結，日後只要更新 Excel 中的資料，PowerPoint 中的圖表也會跟著更新。

請將範例檔案 Ch12-01 切換到第 3 張投影片，並開啟書附光碟中 Ch12 資料夾下的 Ex12-01.xlsx 活頁簿檔案。在這份活頁簿檔案中，我們已事先建好 "行銷管道分析" 統計圖表，請各位依照下列的步驟，將圖表貼到第 3 張投影片中：

STEP 01 請在 Excel 中選取圖表，然後在**常用**頁次的**剪貼簿**區按下**複製**鈕 。

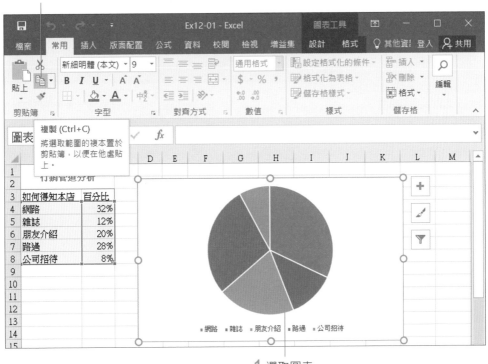

2 按下**複製**鈕

1 選取圖表

STEP 02 切換到 PowerPoint 視窗，按一下投影片的內容配置區，然後到**常用**頁次的**剪貼簿**區按下**貼上**鈕 ，圖表就貼到內容配置區了。

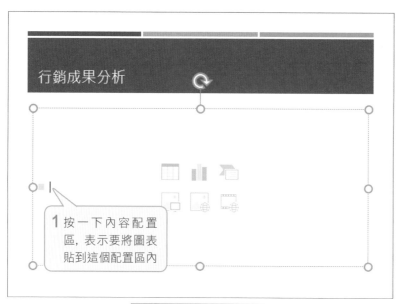

1 按一下內容配置區, 表示要將圖表貼到這個配置區內

2 按下**貼上**鈕, 或按下 Ctrl + V 鍵

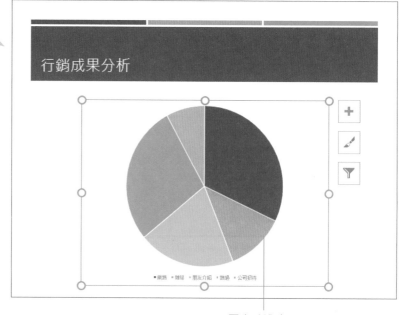

圖表貼進來了

前面提過, 貼到投影片的圖表仍保有與 Excel 資料的連結關係, 所以修改圖表的數據資料時, 可選取投影片上的圖表物件, 然後切換到**圖表工具**的**設計**頁次按下**編輯資料**鈕, 啟動 Excel 並顯示圖表連結的資料來進行修改。

12-2 調整圖表的版面與外觀

在套用佈景主題的投影片中建立圖表, 會自動套用佈景主題的配色, 而 PowerPoint 也為圖表物件提供了許多編修及美化功能, 如果對於預設的配色不滿意, 可參考本節的說明來為圖表改頭換面。

快速新增、移除圖表項目

圖表能將數據清楚呈現, 若能在圖表上適時地加上資料標記說明, 會讓圖表更容易閱讀。請開啟範例檔案 Ch12-02, 並切換到第 3 張投影片:

STEP 01 首先我們想在每個不同顏色的區塊標示出數量, 就可以如下設定:

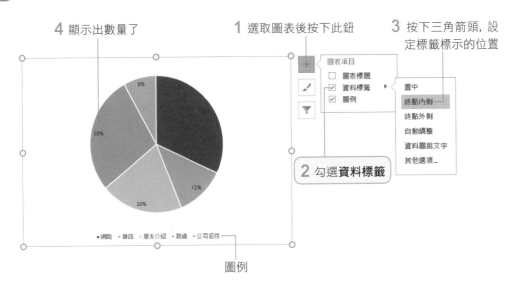

STEP 02 圖表要顯示的資訊都有了, 但文字太小不容易閱讀, 請按一下圖表上的任一資料標籤, 再切換到**常用**頁次來變更字型大小:

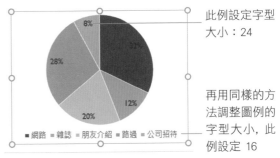

此例設定字型大小: 24

再用同樣的方法調整圖例的字型大小, 此例設定 16

03 接著如下圖設定，將圖例的位置變更到圖表的右方。

1 按下此鈕

2 將指標移至**圖例**項目，再按下右側的三角箭頭，從中選擇**右**

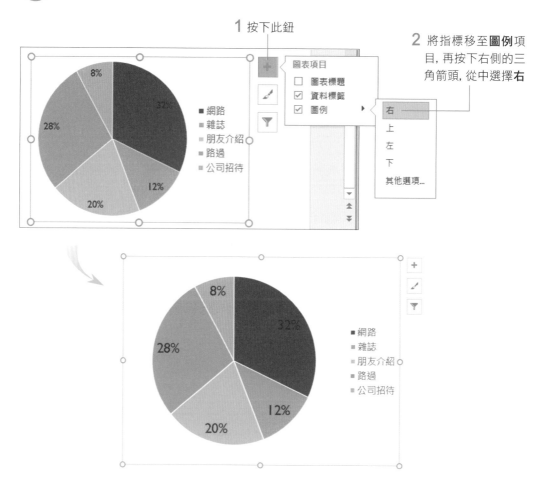

顯示圖表標題

為了讓觀看者更清楚圖表所要呈現的資訊，可以適時地替圖表加上標題。

3 在此輸入圖表標題

1 按下此鈕

2 勾選**圖表標題**

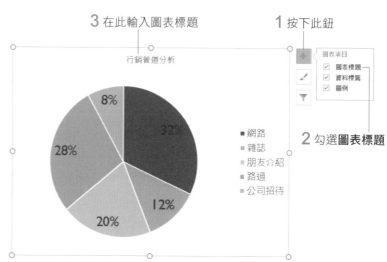

篩選出重要的資料

插入圖表後，我們還能因應各種情況來變更圖表上要顯示的資料，例如這次的簡報只要看到「網路」和「雜誌」的行銷成果，那麼就可以將其它項目先隱藏起來：

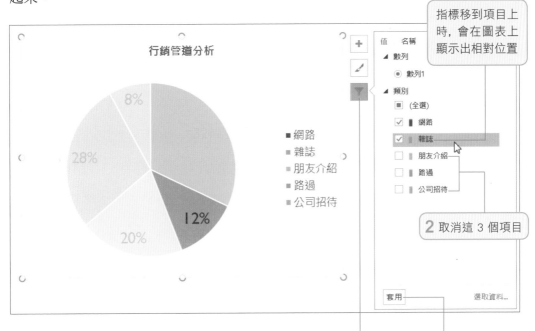

1 選取圖表後按下此鈕篩選資料　　**3** 按下套用鈕

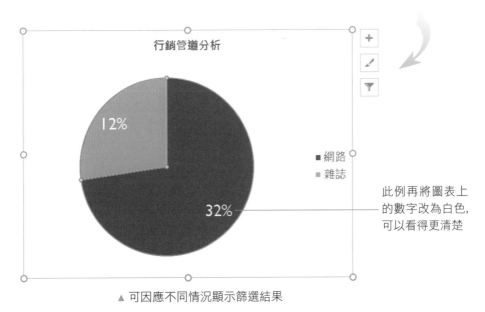

▲ 可因應不同情況顯示篩選結果

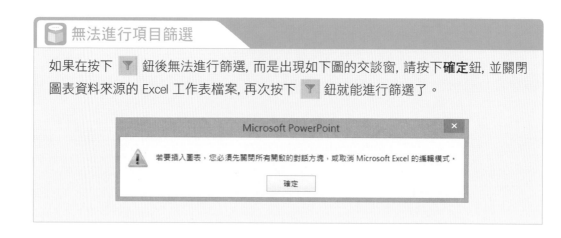

無法進行項目篩選

如果在按下 🔽 鈕後無法進行篩選, 而是出現如下圖的交談窗, 請按下**確定**鈕, 並關閉圖表資料來源的 Excel 工作表檔案, 再次按下 🔽 鈕就能進行篩選了。

變更圖表類型

如果覺得當初選擇的圖表類型不合適, 可在事後加以變更。請接續範例檔案 Ch12-02 第 3 張投影片, 並重新顯示所有類別後再進行以下的練習。

STEP 01 選取第 3 張投影片的圖表, 再切換至**圖表工具**的**設計**頁次, 然後在**類型**區按下**變更圖表類型**鈕, 就可開啟**變更圖表類型**交談窗來更換圖表類型。

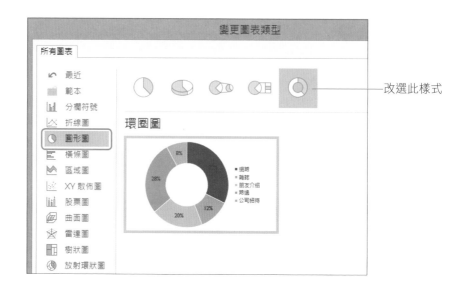

改選此樣式

STEP 02 按下**確定**鈕後，原先的圓形圖就變成能看得更清楚的圓形圖了。

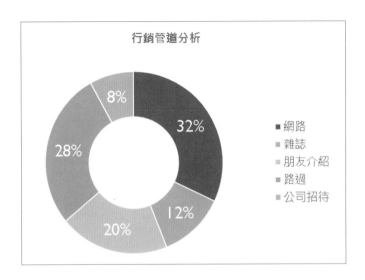

調整圖表的版面配置與樣式

圖表的版面配置，是指要顯示哪些圖表元件 (如圖表標題、圖例、座標軸、格線…等)，以及如何安排圖表元件的位置；樣式則是改變圖表元件的色彩及外貌 (如框線、背景)，我們繼續以範例檔案 Ch12-02 的第 3 張投影片來練習。

STEP 01 請先選取投影片上的圖表物件，再切換到**圖表工具/設計**頁次，按下**圖表版面配置**區的**快速版面配置**鈕。

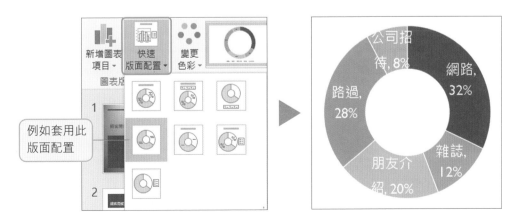

STEP 02 再來套用圖表樣式。請在**圖表樣式**區中按下**其他**鈕 ，選取中意的圖表樣式來套用：

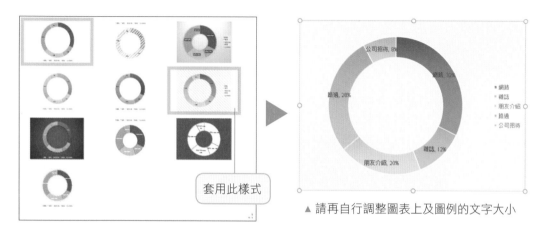

套用此樣式

▲ 請再自行調整圖表上及圖例的文字大小

STEP 03 如果想要改變圖表的配色，可選取圖表後按下**圖表樣式**區的**變更色彩**鈕來選擇，也可以利用圖表右側的 鈕來設定：

1 選取圖表後按下此鈕　　2 按下**色彩**頁次

3 選取喜歡的配色

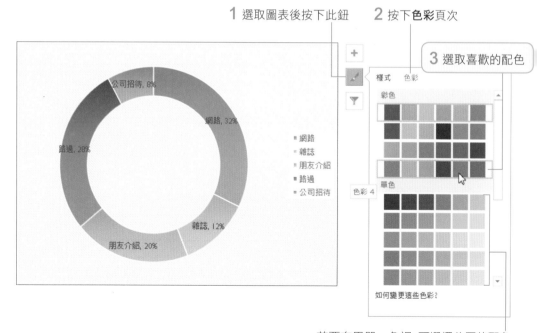

若要套用單一色調，可選擇此區的配色

CHAPTER

13

加入影片與音效－
讓簡報有聲有色

要讓簡報有聲有色,可以在投影片中插入影片或
是為簡報配上音樂、加上旁白,讓簡報播放時更
生動具吸引力。

- 在投影片中插入影片
- 插入背景音樂
- 錄製配合簡報播放的旁白

在投影片中插入影片

我們可以在簡報中加入與主題相關的影片，讓簡報內容更為豐富。而 PowerPoint 不僅支援一般常見的影片格式，還提供影片剪輯功能，可以讓我們剪出需要的段落，並提供許多影片播放設定。

插入自己準備的影片檔

請開啟範例檔案 Ch13-01 並切換到第 3 張投影片，我們將在這張投影片中放入一段影片。如果現在沒有可練習的影片檔，請利用書附光碟 Ch13 資料夾下的影片檔 movie.wmv 來練習。

STEP 01 第 3 張投影片已套用了**標題及物件**版面配置，只要按下配置區中的  鈕，就會開啟**插入影片**交談窗讓你選擇檔案：

1 按下此鈕

插入影片

從檔案
瀏覽您電腦或區域網路上的檔案　　　瀏覽 ▶

2 按下**瀏覽**鈕

YouTube
全球最大的影片分享社群!　　　搜尋 YouTube

從影片內嵌和
貼上內嵌程式碼

亦可搜尋 YouTube
網站上的影片

插入視訊

« Emily-Work ▶ 範例檔案 ▶ Ch13　　　搜尋 Ch13

組合管理 ▼　　新增資料夾

最近的位置
Emily-Work

媒體櫃
文件
音樂
視訊
圖片

movie

3 選擇要插入的影片檔案

檔案名稱(N): movie　　　視訊檔案

工具(L) ▼　　插入(S) ▼　　取消

STEP 02 按下**插入**鈕，影片就會放入投影片中了。若覺得影片的尺寸太大、位置需要調整，只要拉曳影片四周的控點即可調整尺寸，或直接拉曳影片調整位置：

按下此鈕即　　選取影片時，還會顯示播放控制
可播放影片　　面板，取消選取時會自動隱藏

如果不想讓影片檔內嵌於簡報中，讓簡報的檔案變得太大，也可以改用**連結**的方式插入影片，請參考第 13-13 頁的說明。

利用「視訊」鈕插入影片

若投影片套用的不是**標題及物件**版面配置，或是要在已輸入文字、插入圖片的投影片上插入影片，可切換至**插入**頁次，再按下**多媒體**區的**視訊**鈕，選擇**我個人電腦上的視訊**命令來插入影片：

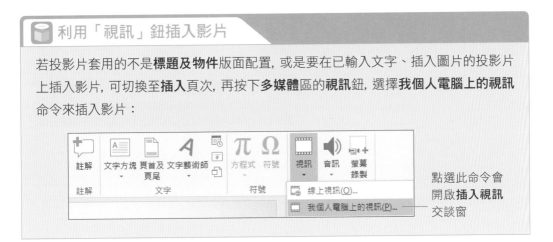

點選此命令會
開啟**插入視訊**
交談窗

剪輯影片精華段落

錄製影片時, 通常會先試錄一段, 若要用在簡報上, 就要將試錄的內容剪掉; 或是影片長度太長, 也會需要為影片瘦身, 修剪影片前、後不要的部份。

以往修剪影片都得開啟影片剪輯軟體來編輯, 其實 PowerPoint 已內建剪輯影片的功能, 直接就能剪掉影片不要的部份, 十分方便。請接續上例插入的影片來練習:

STEP 01 請選取影片, 再切換至**視訊工具/播放**頁次並按下**編輯**區的**剪輯視訊**鈕:

▲ 必須選取投影片上的影片檔, 才會顯示**視訊工具**頁次

STEP 02 開啟**剪輯視訊**交談窗, 就可以利用下方的調整滑桿來移除影片前、後不要的部份:

可在此預覽
影片內容

1 將綠色滑桿向右拉曳, 可剪掉滑桿前試錄的影片內容

拉曳之後, 可按下按鈕切換至前、後畫面, 更精準的剪輯影片

剪輯後的影片長度

2 向左拉曳紅色滑桿, 可剪掉後面不要的部份

3 完成後按下**確定**鈕

STEP 03 按下**視訊工具/播放**頁次最左側的**播放**鈕, 可預覽影片的剪輯結果;若影片包含聲音, 則可按下**音量**鈕, 調整影片的聲音大小:

按下此鈕調整音量, 選擇**靜音**則不會播放聲音

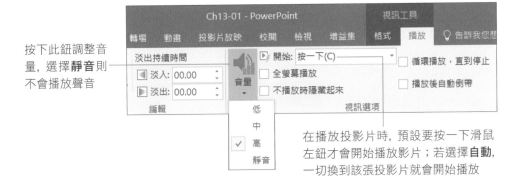

在播放投影片時, 預設要按一下滑鼠左鈕才會開始播放影片;若選擇**自動**, 一切換到該張投影片就會開始播放

為影片套用特殊形狀與邊框

影片只能方方正正的呆站在投影片中嗎?其實除了利用選取影片時, 上方的旋轉控點調整角度外, 還有外框及樣式的變化, 以下就來為剛才剪輯好的影片, 套用特別的外框和樣式。

01 請先選取投影片上的影片，再切換至**視訊工具/格式**頁次，由**視訊樣式**區內的列示窗選取一個喜歡的樣式：

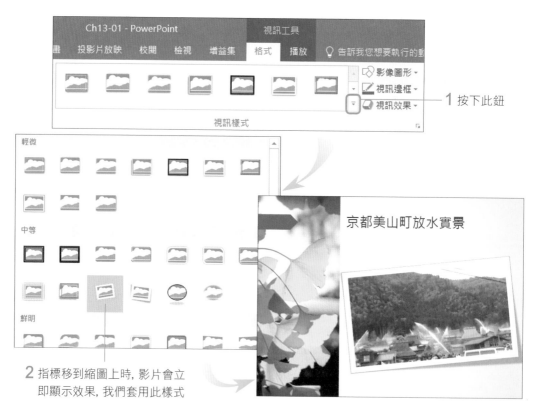

2 指標移到縮圖上時，影片會立
即顯示效果，我們套用此樣式

02 接著再按下右側的**影像圖形**鈕，從中選擇想要套用的形狀：

選擇圓角矩形

修正影片的對比與色彩

　　有時候礙於環境光線或設備不足, 拍出來的影片可能灰灰暗暗看不清楚, 先別擔心！這樣的影片還是可以修正的。請先選取投影片上的影片, 再切換至**視訊工具/格式**頁次, 按下左側的**校正鈕**, 從縮圖中選取要套用的效果：

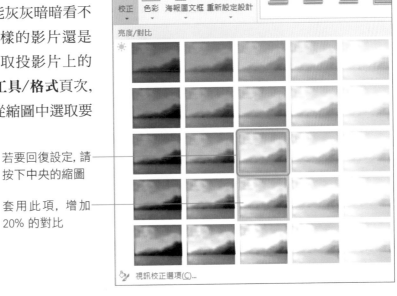

若要回復設定, 請按下中央的縮圖

套用此項, 增加 20% 的對比

　　若要讓影片呈現復古的風格, 我們還可以為影片套色。先選取影片, 再切換至**視訊工具/格式**頁次, 然後按下**調整**區的**色彩鈕**：

若要回復, 請按下此縮圖

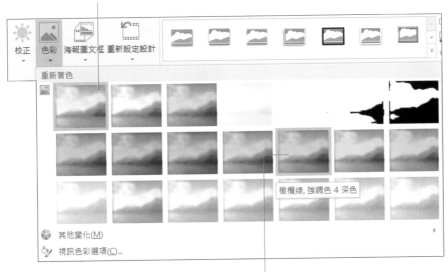

橄欖綠, 強調色 4 深色

由此選擇要套用的顏色效果

設定影片在投影片上顯示的定格畫面

影片精彩的部份可能不在影片的第 1 個畫格，或想為影片套用一張自行設定的封面，可以利用**視訊工具/格式**頁次的**海報圖文框**鈕來設定。以影片中的畫面為例，請先利用下方的播放控制面板，移動至想要顯示的畫面：

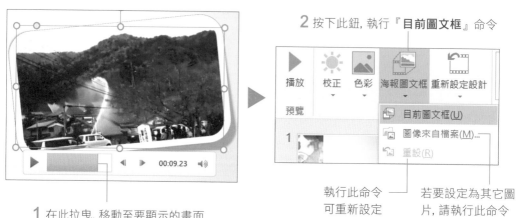

2 按下此鈕，執行『**目前圖文框**』命令

1 在此拉曳，移動至要顯示的畫面

執行此命令可重新設定

若要設定為其它圖片，請執行此命令

設定好之後，請記得將**視訊工具/播放**頁次中**視訊選項**區的**開始**欄設為**按一下**，這樣日後切換到這張投影片，影片才會停留在設定的畫面；若將**開始**欄設為**自動**，一切換到該張投影片就播放影片，將看不到設定的畫面。

由此設定影片播放的方式

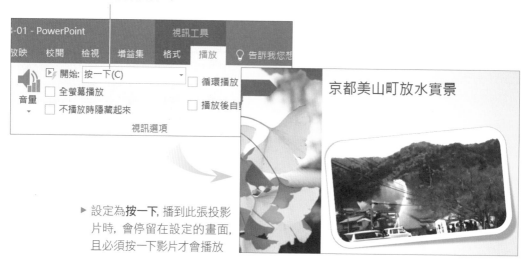

▶ 設定為**按一下**，播到此張投影片時，會停留在設定的畫面，且必須按一下影片才會播放

影片播放選項設定

以下再為您說明其它與影片播放有關的設定：

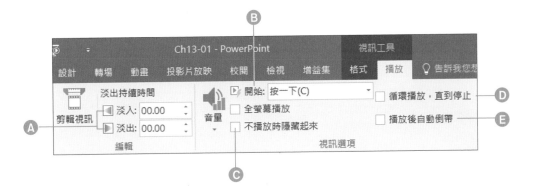

A **淡出持續時間**：設定讓影片慢慢出現或結束的時間長度, 單位為秒數。

B **開始**：可設定播放簡報時, 切換到該張投影片, 要按一下影片才播放, 或是自動開始播放。

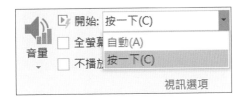

C **不播放時隱藏起來**：勾選此項, 影片在不播放的狀態下會隱藏起來。例如將**開始**欄設為**自動**, 切換到該張投影片會開始播放影片, 播完就自動隱藏。

D **循環播放，直到停止**：影片會一直播放, 直到切換至其它投影片才會停止。

E **播放後自動倒帶**：影片播完後, 會自動回到影片開始的畫面, 並停止播放。

13-2 插入背景音樂

在投影片中加入動聽的音樂，可在放映時營造特別的氣氛，讓人留下深刻的印象。這一節我們說明為投影片加上背景音樂、錄製旁白，以及各項聲音播放設定。

為投影片加入音樂、旁白時，請切換到**插入**頁次，在**多媒體**區按下**音訊**下方按鈕，從中選擇要插入的聲音類型。

在投影片中插入音樂檔

首先我們說明插入音樂檔的方法，如果您沒有可練習的檔案，請利用本書光碟中 Ch13 資料夾下的 sample.mp3 來練習。請開啟範例檔案 Ch13-02 切換到第 1 張投影片，然後按下**插入**頁次**多媒體**區的**音訊**鈕，執行『**我個人電腦上的音訊**』命令，開啟**插入音訊**交談窗：

選取要加入的音樂檔，然後按下**插入**鈕

PowerPoint 支援 .midi、.wav、.aif、.mp3...等一般常見的聲音格式

　　回到投影片後，畫面上會出現 圖示表示已插入音樂，此圖示預設會出現在投影片中央，您可以搬移到其它地方或投影片範圍之外，讓放映投影片時看不到圖示：

按下此鈕會播放音樂

選取 圖示時才會顯示下方的播放控制面板，拉曳圖示可調整位置

　　如果每張投影片都插入不同的音樂檔，則切換到另一張投影片時，上一張投影片的音樂會自動停止。

剪輯音樂檔案

　　如果只想擷取音樂檔中的部份內容，也可以直接在 PowerPoint 中移除音樂前、後不想要的部份。請選取投影片上的聲音圖示，按下**音訊工具/播放**頁次**編輯**區的**剪輯音訊**鈕：

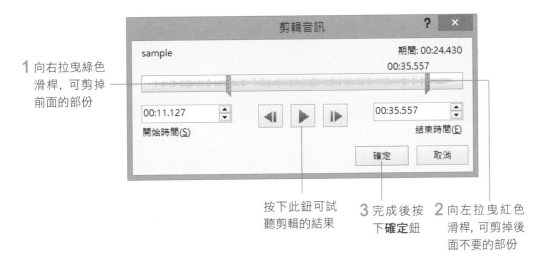

1 向右拉曳綠色滑桿，可剪掉前面的部份

按下此鈕可試聽剪輯的結果

3 完成後按下**確定**鈕

2 向左拉曳紅色滑桿，可剪掉後面不要的部份

聲音的播放設定

選取投影片上的聲音圖示, 功能區會顯示**音訊工具/播放**及**格式**頁次, 切換至**格式**頁次可變更聲音圖示的樣貌；若要進行與播放有關的設定, 請切換至**播放**頁次。

Ⓐ **播放**：按一下可播放音樂, 再按一下可停止播放。

Ⓑ **淡出持續時間**：可設定讓聲音由小變大播放, 或由大變小結束的時間長度。

Ⓒ **音量**：調整聲音檔的音量。

Ⓓ **開始**：選擇**自動**時, 當你放映到這張有插入音樂的投影片, 就會自動開始播放音樂；選擇**按一下**則要在投影片中按一下左鈕才播放。

Ⓔ **跨投影片撥放**：當音樂較長時, 勾選此項可在切換到下一張投影片時繼續播放音樂。

Ⓕ **循環播放, 直到停止**：勾選此項, 會在這張投影片中不斷播放音樂, 直到按下滑鼠左鈕切換到下一張投影片才停止。若同時勾選**跨投影片播放**項目, 那麼音樂會在投影片全都放映完後才停止。

Ⓖ **放映時隱藏**：若希望放映時不要顯示聲音圖示, 請勾選此項。

Ⓗ **音訊樣式**：按下**在背景播放**鈕, 將會同時勾選**跨投影片撥放**、**循環播放, 直到停止**、**放映時隱藏** 3 個選項, **開始**欄也會設定為**自動**, 所以開始放映投影片後, 就會自動播放音樂, 且不顯示圖示、切換投影片也不停止, 直到投影片放映結束。

要刪除聲音檔, 只要選取聲音圖示 🔊 再按下 Delete 鍵即可。

內嵌與連結影片、聲音檔

在投影片中插入影片、聲音等多媒體檔案時，都可以選擇要以**內嵌**或**連結** 2 種方式來加入。以上介紹的方式，都是以預設的**內嵌**方式來加入，也就是說影片、聲音會直接放入簡報中，不用擔心檔案會因搬移位置而連結出錯。

不過若是不希望簡報檔案太大，而要改以**連結**的方式來加入多媒體檔案，其操作方式也相同，只是在選取檔案後，要多一道設定連結方式的手續。以插入聲音檔為例，請按下**插入**頁次**多媒體**區的**音訊**鈕，執行『**我個人電腦上的音訊**』命令：

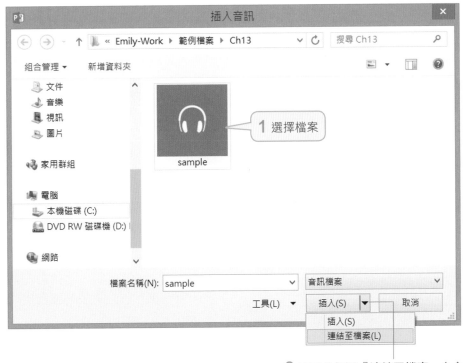

但請特別注意！當你的簡報檔要拿到其它電腦放映，記得將簡報檔以及聲音檔、影片檔複製到同一資料夾中再做連結，然後整個資料夾拿到別台電腦來放映簡報，這樣多媒體檔案才能正常播放。若更改了多媒體檔案的檔名，或是更改儲存位置，那麼請在投影片中重新插入連結聲音檔，這樣才不會造成無法播放的情形。

錄製聲音

除了插入音樂、音效之外，我們還可以在投影片上錄製需要的聲音，例如想在播放新產品簡報時，在該張投影片播放顧客試用的心得；或是替投影片中的專有名詞加上說明...等。

進行錄音前，您得先準備好麥克風及喇叭 (或耳機)。請重新開啟範例檔案 Ch13-02，在第 1 張投影片練習看看。

STEP 01 請切換到**插入**頁次，按下**多媒體**區**音訊**鈕，執行『**錄音**』命令，開啟**錄音**交談窗：

1 為這次錄製的聲音命名　　**2** 按此鈕即可開始錄音

3 錄好後，請按此鈕結束　　**4** 按此鈕將錄製的聲音插入到投影片中

結束錄音後可按此鈕聽聽看錄音的效果

建議您在正式錄製前先準備好台詞，再開始進行錄製的動作，否則邊錄邊想可能會浪費不少重錄的時間喔！

STEP 02 插入錄製的聲音後，同樣會在投影片中插入聲音圖示，但錄製的聲音預設是**按一下播放**，也可以自行切換到**音訊工具/播放**頁次進行設定。

錄製的聲音在投影片放映時，得在圖示上按一下才能播放錄製的聲音，可在此更改設定

此處錄製的聲音只限在放映該張投影片時播放，若要錄製整份簡報的聲音檔，而不會在切換投影片時中斷的話，請參考下一節的說明。

13-3 錄製配合簡報播放的旁白

放映簡報時, 若簡報者無法親自在旁解說投影片的內容, 這時就可利用錄製旁白的功能, 將簡報者要解說的內容預先錄製完成。

開始錄製旁白

接著就來看看如何錄製投影片旁白, 提醒您電腦必須安裝好喇叭、麥克風等相關硬體設備才能進行錄製, 也建議您事先準備好打算錄製的講稿, 以利錄音作業的進行。

STEP 01 同樣以範例檔案 Ch13-02 為例, 先切換到**投影片放映**頁次, 按下**設定區錄製投影片放映**鈕的下方按鈕, 執行『**從頭開始錄製**』命令:

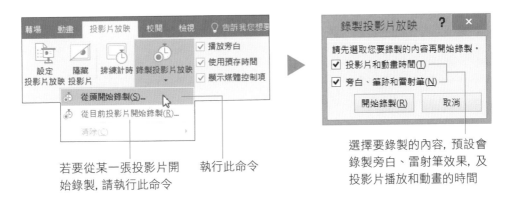

若要從某一張投影片開始錄製, 請執行此命令　　執行此命令

選擇要錄製的內容, 預設會錄製旁白、雷射筆效果, 及投影片播放和動畫的時間

放映簡報時, 將滑鼠指標轉換為**雷射筆**效果, 可幫助聽眾集中注視的焦點, 相關操作請參考第 16 章。

STEP 02 按下**開始錄製**鈕, 就會切換到**投影片放映**模式, 讓您一邊控制投影片的放映節奏一邊錄製旁白, 預演實際進行簡報的狀況。請您對著麥克風講述簡報內容, 即可將旁白錄製到投影片中:

放映時左上角會
顯示控制面板

此張投影片
的播放時間

整份投影片的
累積播放長度

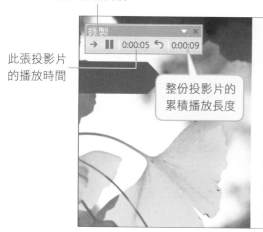

STEP
03

想要結束旁白的錄製，請按下 Esc 鍵，或在結束簡報後按下滑鼠左鈕，再切換到**投影片瀏覽**模式。錄製好旁白，每一張投影片縮圖的右下角都會出現該張投影片停留的時間長度；投影片右下角則會有聲音圖示，您可自行調整聲音圖示的位置、大小及是否隱藏。

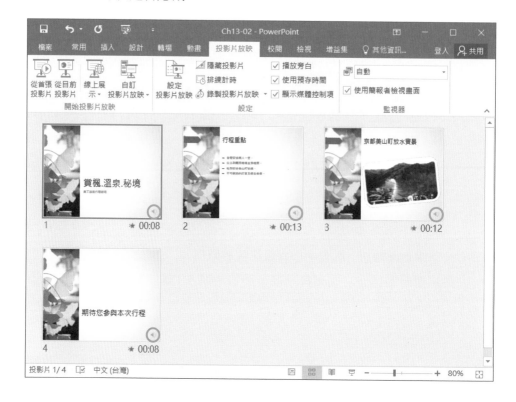

暫停或停止錄音

如果在錄製旁白的過程中，想要暫停錄製，請按下**錄製**面板上的 ⏸ 鈕暫停錄音的工作，此時畫面會顯示如圖的交談窗：

想要再恢復錄製的工作，請按下**繼續錄製**鈕。若要中止錄音，請先按下**繼續錄製**鈕，並在投影片上按下右鈕執行『**結束放映**』命令，或按下 Esc 鍵結束錄音工作。

刪除旁白

在錄製旁白後，投影片會出現聲音圖示，如果您想要刪除某一張投影片的旁白，可刪除該張投影片的聲音圖示。若想要重錄整份簡報的旁白，請按下**錄製投影片放映**鈕的下方按鈕執行『**清除**』命令，從中選取要移除的內容，再重新錄製。

💾 錄音與錄製旁白有何不同？

上一節介紹的錄音功能, 和這節介紹的錄製旁白有什麼差異呢？底下為您做一比較：

	主要用途	播放方式
錄音	針對單張投影片來進行錄音的工作，主要目的在做投影片內容的註解	預設是按一下聲音圖示才會播放
錄製旁白	針對整份簡報來錄音，作用是代替簡報者為簡報做完整的說明	預設會自動播放

CHAPTER

14

編輯簡報整體架構 及建立簡報章節

安排好一張張投影片的內容之後，接下來我們要考量簡報整體的流暢度，投影片的順序是否適當，或是如何合併多個簡報檔等。本章我們就來說明調整投影片的排列順序，以及複製其它簡報檔案的投影片，若是長篇簡報，還可透過「章節」功能來輕鬆瀏覽。

- 在「投影片瀏覽模式」檢視簡報內容
- 調整投影片的排列順序
- 合併不同檔案的投影片
- 為長篇簡報設定章節更利於檢視

14-1 在「投影片瀏覽」模式檢視簡報內容

在「投影片瀏覽」模式中，我們可以檢視簡報檔案中的所有投影片縮圖，適合用來進行簡報整體的調校工作，例如變更投影片的排列順序、複製投影片，或設定投影片的換頁特效等。

　　要瀏覽簡報中的投影片，切換到**投影片瀏覽**模式是最簡便的。請開啟範例檔案 Ch14-01，然後按下狀態列右側的**投影片瀏覽**鈕 ，或是切換到**檢視**頁次，按下**簡報檢視**區的**投影片瀏覽**鈕，切換到**投影片瀏覽**模式：

隱藏功能區可騰出更大的檢視空間

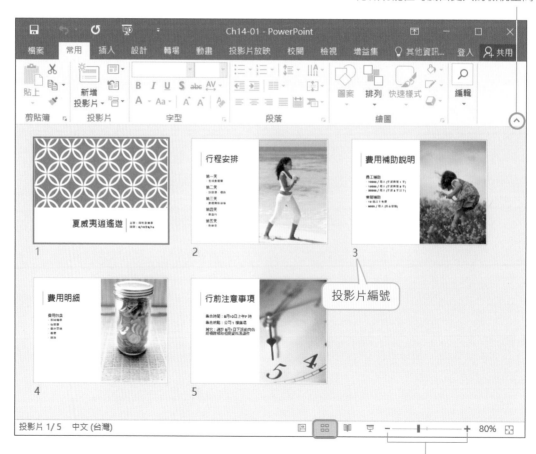

投影片編號

可由此調整檢視比例

14-2 調整投影片的排列順序

在檢視整個簡報的流暢度時, 你可能會需要調動投影片的順序, 底下我們就為您介紹在「投影片瀏覽」模式中, 如何調整投影片的排列順序。

將投影片拉曳到正確的位置

在**投影片瀏覽**模式中, 因為可以同時檢視多張投影片縮圖, 所以使用「拉曳法」來調整投影片的順序既直覺又方便。以範例檔案 Ch14-01 為例, 我們要將第 4 張投影片搬到第 3 張投影片的前面, 請如下操作:

2 拉曳到第 2 與第 3 張投影片之間, 投影片會自動重新排列

1 選取第 4 張投影片

拉曳投影片時, 若按住 Ctrl 鍵不放, 則可複製投影片。

以剪下/貼上來調整投影片的順序

　　假如簡報的投影片數量多達 2、30 張甚至更多, 這時上述的「拉曳法」就不管用了, 因為你很可能在長距離的拉曳途中, 只因一個小小的意外而前功盡棄。當投影片的數量很多, 我們建議用「剪下/貼上」的方法來調整投影片順序。

　　仍以範例檔案 Ch14-01 來說明, 在此要將第 2 張投影片搬到整份簡報的最後:

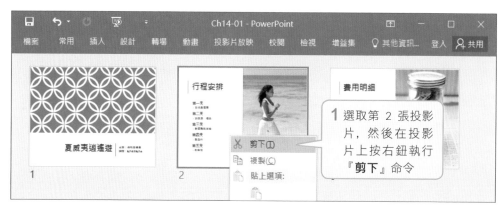

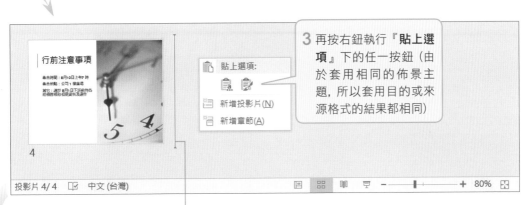

3 再按右鈕執行『**貼上選項**』下的任一按鈕（由於套用相同的佈景主題，所以套用目的或來源格式的結果都相同）

2 在簡報最後按一下

貼上時會顯示**貼上選項**按鈕，此鈕的作用請參考 14-7 頁的說明

若要一次搬移多張投影片，請先配合 Ctrl 鍵或 Shift 鍵將欲搬移的投影片都選取起來，然後再執行搬移的操作，如拉曳或剪下/貼上。

14-3 合併不同檔案的投影片

當簡報是由多人分工製作, 或是需要複製其它簡報的投影片內容時, 都得進行投影片的合併或複製作業, 此時有 2 個方法可選用, 一是將你所要的投影片複製過來, 另一個方法是用插入投影片的方式來達成。

複製其它簡報檔的投影片

範例檔案 Ch14-01 是一份旅遊行程簡報, 現在我們要將範例檔案 Ch14-02 的內容複製到其中。剛才我們已調整好 Ch14-01 投影片的順序了, 請接著開啟範例檔案 Ch14-02, 然後將兩份簡報都切換到**投影片瀏覽**模式, 在任一簡報視窗切換到**檢視**頁次, 按下**視窗**區的**並排顯示**鈕, 將兩份簡報並列於螢幕上, 即可如下進行複製:

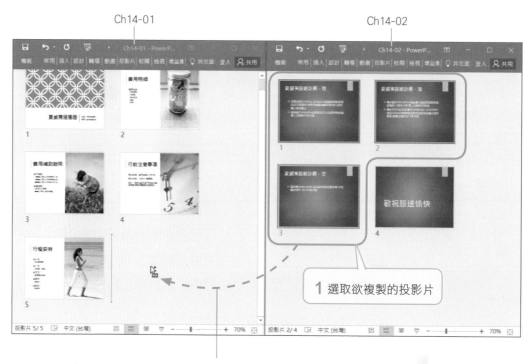

1 選取欲複製的投影片

2 拉曳投影片到 Ch14-01 視窗, 在不同檔案拉曳時, PowerPoint 會自動變成複製狀態 (指標上會出現 + 號)

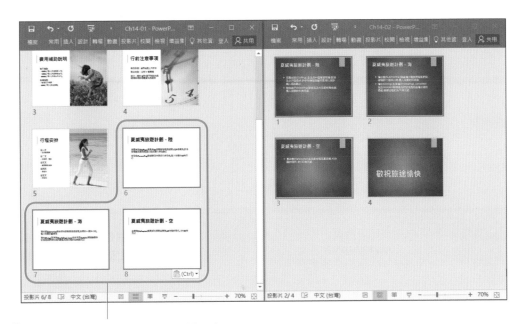

3 放開滑鼠左鈕後, 投影片便複製過來
了, 且會自動套用目的簡報的佈景主題

在貼上時設定投影片樣式

當合併的兩份投影
片分別套用不同佈
景主題時, 可利用
複製時出現的**貼上
選項**按鈕 🔖 (Ctrl) ▾,
來選擇要套用目的
或來源簡報的佈景
主題:

按此鈕會套用來
源簡報的佈景主
題, 如圖所示

預設會套用此命
令, 以符合目的簡
報的佈景主題

插入其它簡報的投影片

若投影片的數量較多, 除了可改用「複製/貼上」的方法之外, 還可以運用**重複使用投影片**功能來複製投影片。請先關閉範例檔案 Ch14-02, 再重新開啟範例檔案 Ch14-01, 並如下練習**重複使用投影片**的操作。

STEP 01 在範例檔案 Ch14-01 要插入投影片的地方按一下, 例如在第 2 和第 3 張投影片之間按一下:

按一下會顯示插入點

STEP 02 切換到**常用**頁次, 按下**投影片**區的**新增投影片**鈕 (下半部按鈕), 然後執行『**重複使用投影片**』命令:

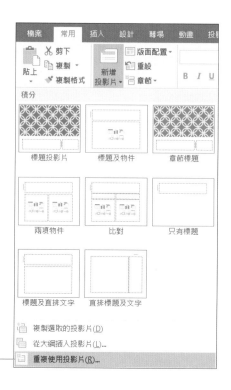

執行此命令

STEP 03
此時 PowerPoint 視窗右側會出現**重複使用投影片**工作窗格, 讓你選擇要插入的簡報檔案:

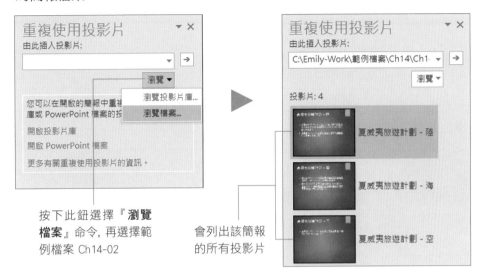

按下此鈕選擇『**瀏覽檔案**』命令, 再選擇範例檔案 Ch14-02

會列出該簡報的所有投影片

STEP 04
在工作窗格點選要用的投影片, 即可將投影片插入範例檔案 Ch14-01 中。插入的投影片會自動套用目的簡報的佈景主題, 若投影片要保持原來的格式設定, 請先勾選**重複使用投影片**工作窗格中, 下方的**保留來源格式設定**選項再插入投影片。

按下縮圖即可插入投影片

14-4 為長篇簡報設定章節更利於檢視

課程講義這類簡報, 通常動輒幾十頁, 就算切換到「投影片瀏覽」模式檢視全貌, 還是得不停拉曳垂直捲軸才看得完, 更別說想要輕鬆找到某段內容的投影片了。其實只要善用「章節」, 長篇簡報還是能夠輕鬆瀏覽的!

為簡報建立章節

範例檔案 Ch14-03 是一份網路應用課程的講義, 共有 16 張投影片, 內容包含課程簡介、影像編修、動畫及網頁設計課程, 我們就以此為例, 說明如何為簡報建立便於檢視的章節標記。

STEP 01 開啟檔案後, 請切換至**投影片瀏覽**模式, 再如下操作:

2 按下**章節**鈕再執行『**新增章節**』命令

1 選取要建立章節的投影片

章節標記

STEP 02 接著為此章節命名，請在章節標記上按右鈕執行『**重新命名章節**』命令，再輸入章節名，例如 "課程簡介"：

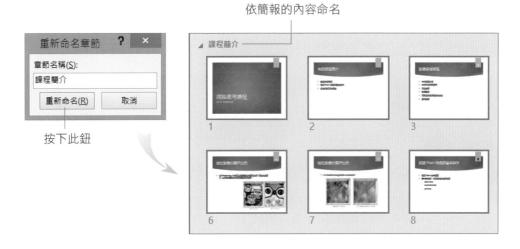

依簡報的內容命名

按下此鈕

STEP 03 目前整份簡報都屬於**課程簡介**章節，繼續選取要分割為下一個章節的投影片，並重複以上的步驟，即可為整份簡報建立起章節架構。例如選取第 3 張投影片，建立名為 "影像編修課程" 的章節；在第 8 張投影片建立名為 "網頁動畫課程" 的章節；在第 12 張投影片建立名為 "網頁設計課程" 的章節。

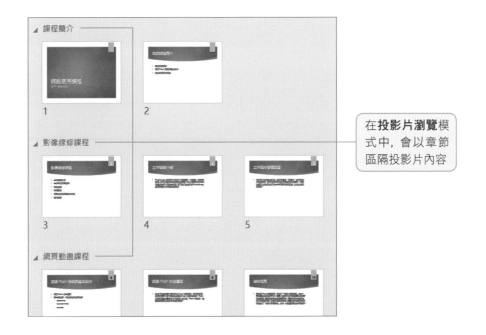

在**投影片瀏覽**模式中，會以章節區隔投影片內容

在「標準模式」檢視簡報章節

除了在**投影片瀏覽**模式可用章節來檢視簡報外, 切換到**標準模式**時, 也可以在左側的**投影片**頁次以章節摺疊或顯示簡報內容:

按下章節標題可展開或摺疊投影片

檢視與編輯章節

建立好章節之後, 若想要檢視簡報架構, 可在任一章節上按右鈕執行『**全部摺疊**』命令, 就會看到所有的章節, 及該章節包含幾張投影片:

雙按章節亦可展開或摺疊投影片

點選章節名稱前的三角圖示可展開或摺疊章節下的投影片

當你想要移除簡報的章節時, 請在任一章節標記上按右鈕, 由功能表中選擇要執行的動作:

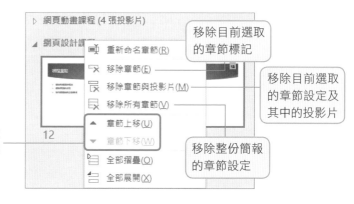

可由此調整章節的上下順序

移除目前選取的章節標記

移除目前選取的章節設定及其中的投影片

移除整份簡報的章節設定

CHAPTER 15

加入簡報放映特效

想像一下, 投影片中的條列項目一個個 "從天而降", 還發出 "咻-咻-" 的聲音、圖片從下方慢慢移到投影片中間…, 這就是 PowerPoint 的放映特效！這一章我們要告訴各位, 如何為投影片加上換頁及物件的播放動畫, 讓你的簡報演出更出色亮眼。

- 為投影片加上換頁特效與音效
- 為投影片內容加上動畫效果
- 調整動畫效果
- 調整動畫的播放順序
- 讓物件隨路徑移動
- SmartArt 圖形的動畫效果設定
- 利用按鈕或圖案來控制動畫播放

PowerPoint

15-1 為投影片加上換頁特效與音效

放映簡報時, 切換投影片是不可缺少的動作, 為了讓換頁的過程有趣一些, PowerPoint 提供了許多投影片的換頁特效, 可幫助我們緊緊抓住觀眾的目光, 這一節就來看看如何為投影片設定換頁特效。

快速為投影片加上換頁特效

換頁特效是以 "整張投影片" 為套用對象, 所以建議切換到**投影片瀏覽**模式來設定。請開啟範例檔案 Ch15-01 並切換到**投影片瀏覽**模式, 底下我們就來練習設定投影片換頁特效:

STEP 01 選取欲設定換頁特效的投影片, 此例我們選取第 1 和第 2 張投影片, 表示要為這 2 張投影片套用相同的換頁特效。

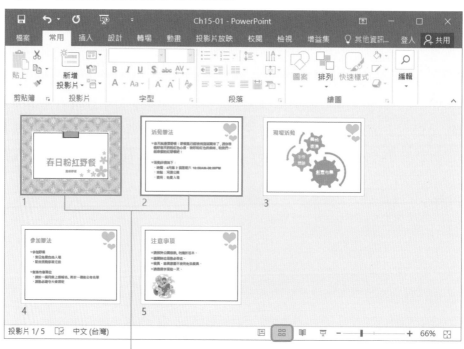

按住 Shift 鍵, 可同時選取這 2 張投影片

STEP 02 按下**轉場**頁次, 於**切換到此投影片**區選擇換頁特效:

選擇**無**表示要移除換頁特效　套用此特效　也可以按此鈕展開列示窗來選擇

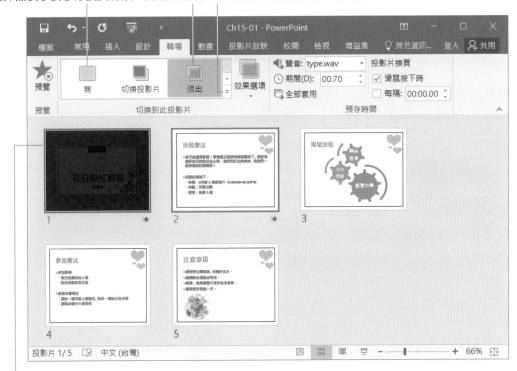

按下換頁特效的圖示時, 選取
的投影片即會播放特效

 選取效果後, 可再按下**效果選項**鈕從中選擇與該特效相關的設定, 例如方向、形狀…等, 出現的
設定選項會因選擇的特效而異。

STEP 03 接著到**預存時間**區設定換頁時所要搭配的音效, 以及動畫播放的時間長度。

套用**收銀機**特效

換頁時若不搭
配音效, 請選
[靜音]

由此設定動畫要播放多
久, 例如設定為 1 秒

若要使用自己準備的聲音檔來搭配換頁特效, 請選
擇**聲音**列示窗最下方的**其他聲音**選項來加入。

都設好了之後，你可以按下功能區最左側**預覽**區的**預覽**鈕，感受一下整體的效果如何。

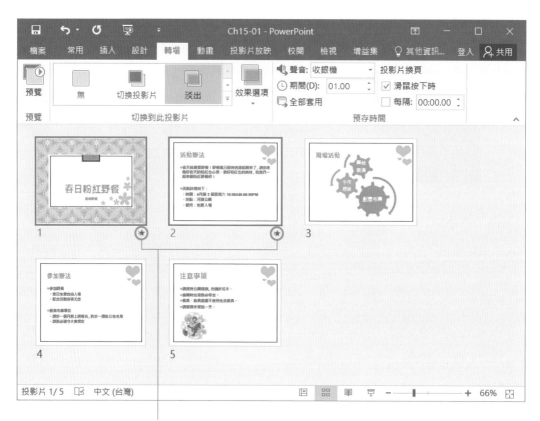

凡是加上換頁特效的投影片都會出現
此圖示，按一下圖示可預覽換頁動畫

設好換頁特效後，最後若決定要將換頁特效套用到所有投影片上，可按下**預存時間**區的**全部套用**鈕。若要替其它投影片設定不同的換頁特效，請重複上面的步驟，直到設定完所有的投影片。

移除投影片的換頁特效及聲音

不想再套用換頁特效時，請先選取投影片再選擇**無**效果；若設定了換頁音效，請再將**聲音**列示窗設定為**[靜音]**才會關閉音效。若需要一次移除所有投影片的換頁特效時，請完成上述的設定後再按下**全部套用**鈕。

15-2 為投影片內容加上動畫效果

我們也可以替投影片上的文字、圖片等物件加上動畫效果, 例如讓投影片標題用 "淡出" 的方式慢慢地顯示出來, 圖表用 "彈跳" 的方式進入畫面等。適當地為投影片內容加上動畫, 可讓簡報更生動有趣, 對於吸引觀眾的注意力也很有幫助。

快速套用動畫效果

請將範例檔案 Ch15-01 切換到**標準模式**並顯示第 1 張投影片。以下設定我們要讓投影片的標題 "飛進" 投影片。

STEP 01 先在投影片中選取欲設定的物件, 本例請按一下標題文字的部份, 讓標題四周出現框線。

STEP 02 接著切換到**動畫**頁次, 在**動畫**區的**動畫**列示窗選擇要套用的效果, 請選擇**漂浮進入**。

可由這兩個按鈕上、下捲動效果

按下縮圖即可套用　　按下此鈕可開啟列示窗來選擇

STEP 03 設定好動畫後，會看到標題上顯示了一個數字，代表此物件在該投影片的動畫順序：

目前只有標題 1 個動畫

按下**動畫**區的**其他**鈕 ▾ 展開動畫列示窗，會看到 4 種動畫類別，我們為您說明如下：

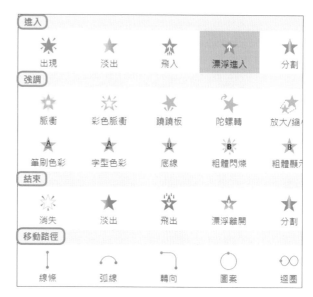

● 進入：設定文字或物件進入投影片時播放的動畫。

● 強調：設定文字或物件播放的動畫，通常用在想要突顯該物件時。

● 結束：設定文字或物件離開投影片時播放的動畫。

● 移動路徑：讓物件依照指定的路徑來移動，稍後將在 15-5 節說明。

　　物件套用動畫效果之後，若想更換或是反悔要移除動畫效果，則請再次選取該物件，然後到**動畫**列示窗中改選其他的動畫效果，或選**無**移除動畫。

善用「母片」快速為整份簡報套用相同的動畫效果

如果希望簡報的每一張投影片標題都能套用相同的動畫效果，只要切換到**母片檢視**模式，然後依照剛才介紹的方法替**投影片母片**的標題加上效果，那麼所有投影片的標題就都會套用相同的效果了。

設定動畫的移動方向、形狀

當我們選定套用的動畫效果後，還可以進一步針對動畫做細部的設定，依據動畫效果的不同，有些可以設定移動方向、變化的形狀，有些則可以設定旋轉的角度、套用的顏色等等。

請同樣利用範例檔案 Ch15-01 來練習，先切換到第 2 張投影片，利用上一節說明的方法，為標題文字變更為**進入**類的**滾輪**動畫，再按下右側的**效果選項**鈕，就會看到該動畫提供的選項設定：

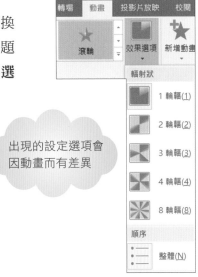

出現的設定選項會因動畫而有差異

讓條列項目的動畫逐一播放

如果為條列項目設定了動畫，按下**效果選項**鈕還可設定要讓條列項目逐一播放，或是同時播放。接續上例，繼續為第 2 張投影片的條列項目設定動畫，請選取整個文字配置區，套用**進入/旋轉**效果，再按下**效果選項**鈕：

進入/旋轉效果沒有提供形狀、方向等細部選項，所以只會看到**順序**項目

將整個文字配置區視為一物件來播放動畫，此例會一起旋轉進入

選此項，所有文字物件同時播放動畫，與選擇**整體**項目不同，所有物件會各自旋轉進入

每個項目逐一播放動畫，此例請選擇此項

設定完成後, 投影片上會以
數字標示動畫的播放順序

若項目下含有次層級, 這時會
一起播放, 如果希望能分別播
放, 請參考 15-15 頁的說明

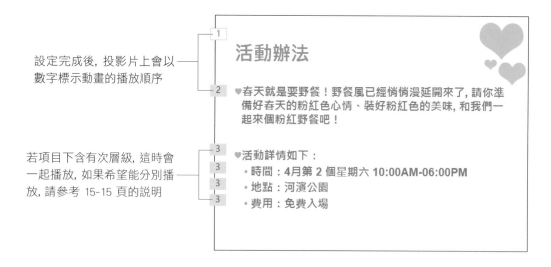

 有些動畫效果設定為**同時**與**整體**的播放結果非常相似, 幾乎看不出差異。

當投影片上設定的動畫效果不只一個時, 可善用**動畫窗格**來幫助我們判斷動畫的內容, 稍後要調整順序、進行更細部的調整也會方便許多。請按下**動畫**頁次中**進階動畫**區的**動畫窗格**鈕, 視窗右側即會顯示**動畫窗格**。

再按一下**動畫窗格**鈕, 或按下窗格的 ✕ 鈕, 可關閉窗格

按下此鈕可展開/收合同一動畫項目的內容

此窗格可調整動畫的時間、播放順序、細部選項設定等, 我們將在稍後陸續說明

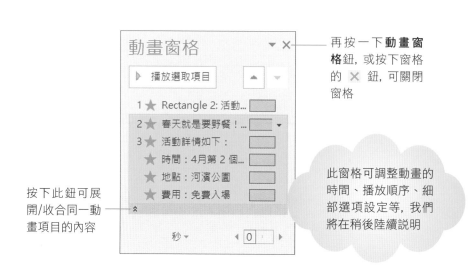

15-3 調整動畫效果

上一節我們快速為標題文字、條列項目套用了動畫, 其實套用動畫後, 還能變化出多種不同的效果, 例如設定動畫的播放時機、為同一物件套用多種動畫等, 這一節再來深入探討這些有趣的內容。

設定動畫播放的時機

物件的動畫預設會在按一下滑鼠左鈕後開始播放, 如果你想在切換到該張投影片就播放動畫, 或是設定了兩物件的動畫後, 想一個接著一個播放, 都可以在**動畫**頁次**預存時間**區的**開始**欄進行設定。

以剛才設定的第 2 張投影片為例, 我們想讓條列項目在播放標題動畫後依序自動播放 (目前是按一下左鈕才會播放), 就可以選取條列文字, 再到**開始**欄設定為**接續前動畫**。

條列項目跟隨標題文字動畫播放, 所以編號全都變成 "1" 了

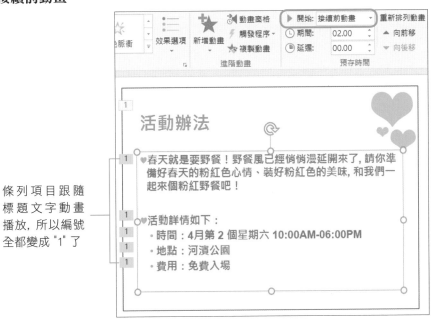

如果將標題文字也設為**接續前動畫**, 那麼所有的動畫編號全都會變成 "0", 表示切換到此張投影片會依序播放全部的動畫。

我們再將這 3 者的差異說明如下：

● **按一下**：簡報放映時要按一下滑鼠左鈕才會播放動畫效果。

● **與前動畫同時**：若投影片中設定了數個動畫效果, 這種啟動方式表示動畫會與前一個動畫同時播放。

● **接續前動畫**：前一個動畫播映完畢, 會接續播放此動畫。

設定動畫播放的時間長度

如果覺得預設的動畫效果速度太快, 可以在**預存時間**區的**期間**欄設定動畫的時間長度；**延遲**則是設定在啟動方式發生多久後再播放動畫。以第 2 張投影片的標題文字為例, 我們設定如下：

動畫時間為 2 秒

按一下左鈕後 1 秒再播放；若設為 0, 表示按下左鈕就播放動畫

此外, 我們也可以利用**動畫窗格**來調整播放時間, 請在**動畫窗格**中選取欲設定的動畫效果, 項目後方顯示的時間區塊就是播放的時間。請將範例檔案 Ch15-01 第 2 張投影片的條例項目設定為**旋轉**, 再按下**效果選項**鈕將順序改為**同時**, 然後將**延遲**設定為 2 秒, 以便觀察**動畫窗格**中的時間區塊：

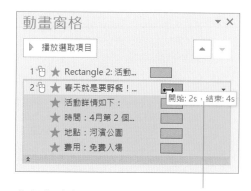

指標移到時間區塊上, 可看到目前設定的狀態。動畫將在第 2 秒開始, 在第 4 秒結束

　　將指標移至時間區塊上呈
↔ 狀時拉曳，可向前或向後移
動時間區塊設定動畫開始的時
間，所以要讓動畫一項一項播
放，可將每個動畫項目的時間區
塊錯開。

將動畫開始的
時間向後調整 1
秒，動畫播放的
時間長度不變

　　如果將指標移至時間區塊
的兩端，指標會呈 ↔ 狀，表示
拉曳即可調整動畫時間的長短，
時間愈長，動畫就會愈慢。

將時間區塊向前
拉曳，動畫播放
的時間變長了

為一個物件加入多種動畫效果

　　一個物件也可套用多種動畫效果。接續上例，請切換至第 3 張投影片，假設
我們要讓標題 "飛入" 投影片中後，到原地再 "波浪一下"，即可如下設定：

STEP 01 選取標題文字，先套
用**飛入**效果，再按下
進階動畫區的**新增
動畫**鈕，從中選取**強
調/波浪**效果。

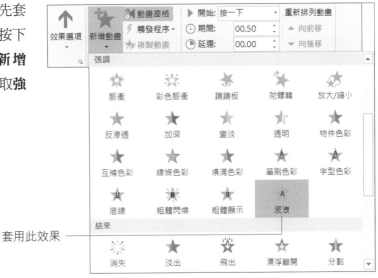

套用此效果

STEP 02 加入動畫後, 就會在標題文字的左側看到兩個編號, 表示設定了兩個動畫效果, 且會依序播放。

此為波浪動畫的路徑, 可參考 15-5 節

從標籤數量可得
知該物件加了幾
種動畫效果

現場活動

設定更多動畫效果

雖然**動畫**列示窗內有許多動畫, 但你可能還是覺得不夠用, 其實我們還有更多的動畫效果可選擇, 請利用範例檔案 Ch15-01 的第 4 張投影片來進行以下的練習。

我們要為這張投影片的標題文字設定動畫, 請先選取標題文字, 按下**動畫**頁次**動畫區的其他鈕** ▽ , 執行『其他進入效果』命令, 開啟**變更進入效果**交談窗:

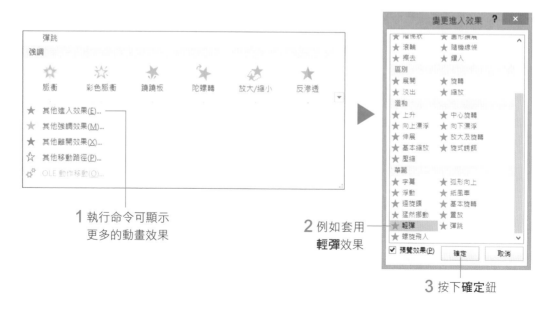

1 執行命令可顯示
更多的動畫效果

2 例如套用
輕彈效果

3 按下**確定**鈕

套用的效果也會加入**動畫**列示窗中, 方便我們下次直接套用。

搭配動畫效果播放音效

如果想讓動畫搭配音效，則可在**動畫窗格**中進行設定。請利用範例檔案 Ch15-01 的第 1 張投影片來練習，簡報標題已套用**漂浮進入**動畫效果，我們現在來為它加上音效：

1 切換到**動畫**頁次，按下**進階動畫**區的**動畫窗格**鈕

會開啟動畫效果的屬性交談窗，此為動畫效果的名稱

2 請選取標題動畫項目，然後按下右側的按鈕

3 執行『**效果選項**』命令

此區會針對每個動畫顯示不同的選項設定

5 按下**確定**鈕即完成設定

4 按下此鈕選擇想要的音效

以下再為您詳細說明**加強效果**區各個選項的作用：

● 聲音：此列示窗可設定動畫效果所要搭配的音效，設定聲音後，可按右側的**音量鈕** 調整音量大小。若日後要取消音效，請選擇 [靜音]。

● 播放動畫後：用來設定已播完動畫的物件要怎麼處理，例如變更色彩或隱藏起來。這項設定有助於區分已播放和未播放的項目。

變更已播放項目的顏色

播放後暫時隱藏起來

不做任何更動

再次按下滑鼠左鈕就隱藏

● 動畫文字：當設定動畫的對象是標題或文字時，可以在此列示窗中設定文字出現的方式。

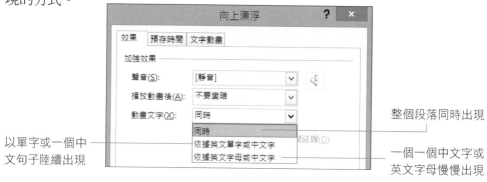

整個段落同時出現

以單字或一個中文句子陸續出現

一個一個中文字或英文字母慢慢出現

設定動畫的播放速度與重複次數

剛才我們介紹過可以在**預存時間**區的**期間**欄設定動畫的時間長度，時間愈長，動畫播得愈慢。如果覺得調整時間無法判斷動畫播放速度的快慢，也可以透過**動畫窗格**來調整，請選取窗格中要設定的動畫項目，再按下項目右側的按鈕執行『**效果選項**』命令：

1 切換到此頁次

2 同樣由**期間**來設定動畫的播放速度

3 設定完成按下**確定**鈕

在此頁次下方還有一個**重複**欄位，可設定動畫播放的次數，或是讓動畫一直播放直到再次按下滑鼠左鈕：

選擇**無**表示只播一次, 不重複播放

　　雖然動畫在投影片上持續播放, 能讓畫面顯得生動有趣, 但仍要考慮動畫的內容, 若是設定**旋轉**類動畫, 而且持續播放或重複 10 次, 可能會讓觀眾感到暈頭轉向哦!

設定次層條列項目逐一播放動畫

　　在動畫的**效果選項**中, 將**順序**設定為**依段落**可讓條列項目逐一播放動畫, 但是當段落包含次層級時, 次層級將跟著上一層級同時播放, 如果你希望次層級也能逐項播放動畫, 可如下設定將每個層級的條列項目都視為單獨的物件。

STEP 01 請利用範例檔案 Ch15-01 第 2 張投影片來練習, 首先為整個文字物件重新套用**進入/隨機線條**動畫, 按下**效果選項**鈕從中選擇**依段落**:

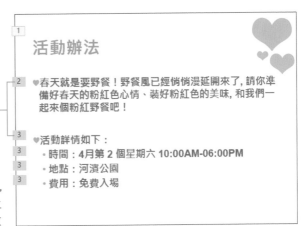

由數字可得知, 次層項目會與上層條列一起播放

STEP 02 按下**動畫**頁次中**進階動畫**區的**動畫窗格**鈕, 再將插入點移至文字物件內, **動畫窗格**會自動選定該項目, 按下項目右側的按鈕執行『**效果選項**』命令:

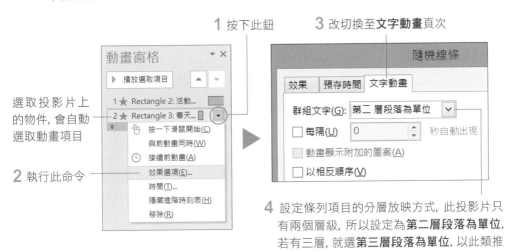

1 按下此鈕

3 改切換至**文字動畫**頁次

選取投影片上的物件, 會自動選取動畫項目

2 執行此命令

4 設定條列項目的分層放映方式, 此投影片只有兩個層級, 所以設定為**第二層段落為單位**, 若有三層, 就選**第三層段落為單位**, 以此類推

設定完按下**確定**鈕, 再觀察投影片上動畫的編號順序:

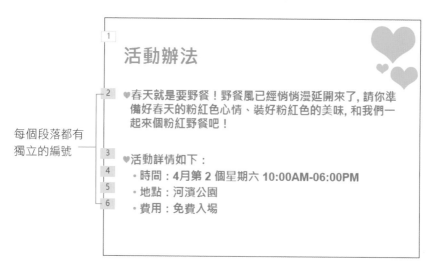

每個段落都有
獨立的編號

移除物件的動畫效果

若想移除物件的動畫效果, 可先選取該物件, 然後切換到**動畫**頁次, 在**動畫**區套用**無**動畫。例如我們選取第 3 張投影片的標題, 然後套用**無**動畫, 先前加在標題上的兩個動畫效果就都被移除了:

常用	插入	設計	轉場	動畫	投影片放映
★ 無	🌟 出現	★ 淡出	🌠 飛入		
					動畫

選此項可移動畫效果

至於條列項目文字, 如果要移除整體的動畫效果, 可如上述方法來設定;若只要移除個別段落的動畫, 請在**動畫窗格**按下動畫項目右側的按鈕, 執行『**移除**』命令。以第 2 張投影片為例:

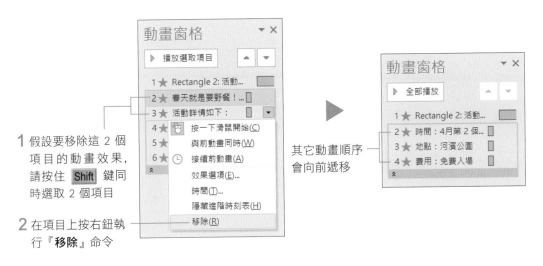

1 假設要移除這 2 個項目的動畫效果，請按住 Shift 鍵同時選取 2 個項目

2 在項目上按右鈕執行『**移除**』命令

其它動畫順序會向前遞移

再來看看投影片上的變化：

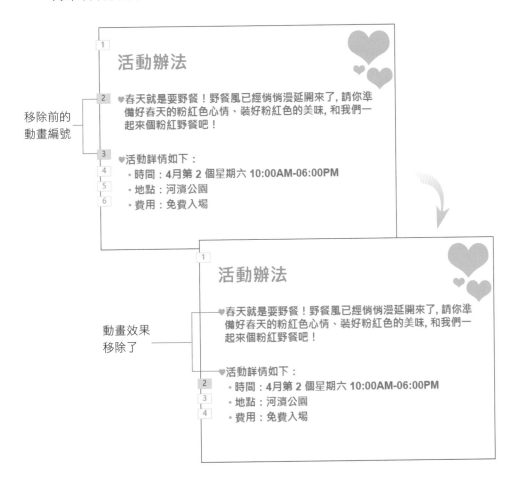

移除前的動畫編號

動畫效果移除了

15-4 調整動畫的播放順序

當我們一一為投影片中的物件加上動畫效果, 放映時就會依照動畫的編號依序播放, 不過這個動畫順序仍可以在「動畫窗格」中調整。

請開啟範例檔案 Ch15-02, 切換到第 4 張投影片, 我們已為文字套用了**淡出**效果, 切換到**動畫**頁次, 就會看到動畫的播放順序:

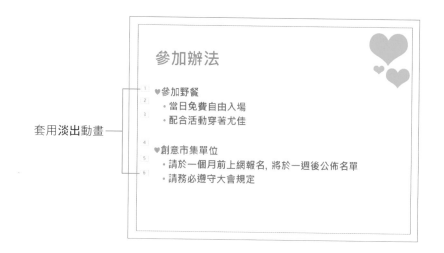

套用**淡出**動畫 ────

就第 4 張投影片目前的播放順序來看, 會先播完第 1 個條列項目及次層項目, 再播放第 2 個條列項目及次層項目。假設我們的說明順序是先介紹參加辦法的 2 個大項目, 再分別說明次層項目, 就可以如下操作:

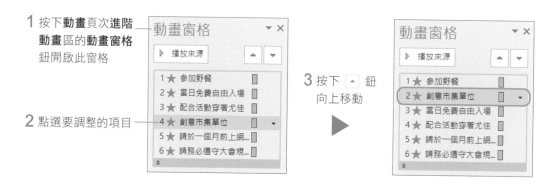

1 按下**動畫**頁次**進階動畫**區的**動畫窗格**鈕開啟此窗格

2 點選要調整的項目

3 按下 ▲ 鈕向上移動

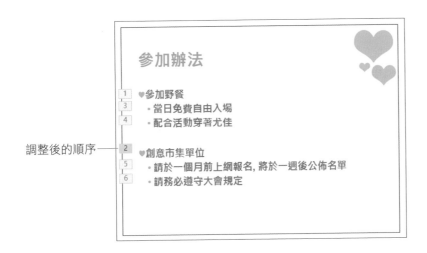

調整後的順序

除了在**動畫窗格**調整順序外，我們也可以在選取整個要調整的段落後，利用**動畫**頁次中最右側的按鈕來調整順序：

由此調整動畫順序

選取文字，再按兩次**向後移**鈕的結果

不過，後者的調整方式只能透過投影片上的動畫編號來判斷順序，不如在**動畫窗格**以上下位置表示順序來得直覺。

15-5 讓物件隨路徑移動

假如你希望動畫效果能以更具彈性的方式自由移動, 那麼絕不能錯過「移動路徑」功能, 它可以讓你的物件愛怎麼動就怎麼動。

套用預設的移動路徑

PowerPoint 內建了許多移動路徑可供我們直接套用。請利用範例檔案 Ch15-02 第 5 張投影片來練習, 假設我們想要讓愛心圖示以拋物線向右方移動:

STEP 01 請先利用插入圖案功能 (參考 9-5 節), 在投影片上插入**基本圖案**類下的**心形**, 選取圖案, 再切換至**動畫**頁次, 按下**其他鈕** ⏷ 選擇**移動路徑/弧線**:

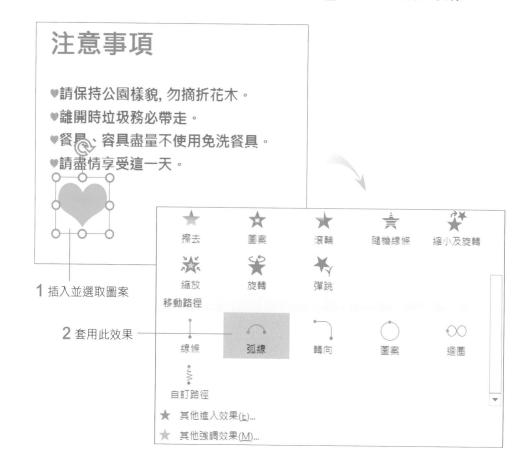

STEP 02 套用之後會在投影片上看到一條
移動路徑, 綠色箭頭為起點, 紅色
箭頭為終點, 箭頭同時也指出移
動的方向。放映投影片時, 圖案將
會依照路徑來移動。

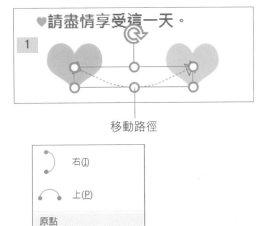

移動路徑

套用移動路徑動畫後, 按下**效果
選項**鈕還可進行更細部的設定。以**弧
線**為例:

這些選項將説明如下 ——

依動畫可選擇
不同的方向、
形狀等項目

● **鎖定與解除鎖定**:設定路徑為**鎖定**時, 移動套用路徑的物件, 路徑會停留在原
處;若是**解除鎖定**狀態, 則移動物件時, 路徑也會跟著一起移動。

例如要將物件向右移動

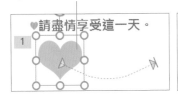

▲ 原來的物件與路徑

▲ **鎖定**時, 移動圖案不會改變
路徑, 改變的是圖案的位置

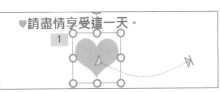

▲ **解除鎖定**時, 圖案
和路徑會同時移動

● **編輯端點**:選取這個命令可調整路徑的端點,
但必須具備兩個端點以上的路徑才能使用這
個命令, 例如**直線**就無法編輯端點。

● **路徑方向反向**:執行這個命令會反轉路徑的
方向, 例如原本 "向右" 會變成 "向左"。

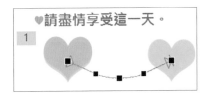

▲ 執行『**編輯端點**』命令後會顯
示路徑端點, 將指標移至端點
上呈 ✛ 狀時拉曳可進行調整

讓物件隨自訂的路徑移動

除了內建的移動路徑外，我們也可以自己手繪路徑，請先移除剛才為圖片設定的路徑動畫，再如下進行練習。

STEP 01 請先選取圖案，套用**移動路徑／自訂路徑**效果：

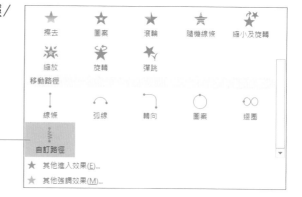

選取要自訂路徑的物件，再套用此效果

STEP 02 按下**效果選項**鈕，從中選擇一種路徑類型，在此以**曲線**為例。

STEP 03 接著在投影片上用滑鼠畫出路徑。先在路徑起點按一下，然後在要轉折的地方再按一下，如此反覆，直到路徑終點處再雙按滑鼠左鈕。

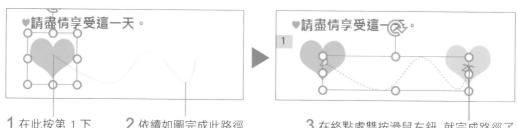

1 在此按第 1 下　　**2** 依續如圖完成此路徑　　**3** 在終點處雙按滑鼠左鈕，就完成路徑了

繪製中若要重新來過，可按下 **Esc** 鍵取消此次繪製，再重新來過。

繪製好自訂路徑後，在放映這張投影片時，圖案就會依這條路徑來移動物件的位置了。

將動畫複製給其它物件

如果之後再插入圖片，也想套用相同的路徑動畫，不用辛苦的重畫路徑，只要將動畫效果複製過來就行了。

STEP 01 請選取要複製動畫的原始物件，再按下**動畫**頁次**進階動畫**區的**複製動畫**鈕：

2 按下此鈕

1 選取複製來源

STEP 02 此時指標會呈 ▷▣ 狀，再點按其它物件，物件就會套用與來源物件相同的動畫效果了。

若希望先播放左圖，請再調整兩動畫的播放順序

這裡我們是以複製一次為練習，如果是要將動畫複製給多個物件，那麼你可以雙按**複製動畫**鈕，再一一點按要套用相同效果的物件，直到結束複製時，再按下 Esc 鍵。

雖然上面的練習是以**移動路徑**類的動畫為例，但其它動畫效果也可以用此方式來進行複製，就請您自己試試看了。

15-6 SmartArt 圖形的動畫效果設定

替 SmartAart 圖形加上動畫效果, 其實和其它物件套用的操作相同, 只是 SmartArt 圖形有幾個比較特殊的播放方式, 我們要特別為您補充說明。

我們從套用動畫效果開始談起。請將範例檔案 Ch15-02 切換到第 3 張投影片, 底下以這張投影片的 SmartArt 圖形為例, 先為其加上**放大及旋轉**的動畫效果:

到此為止, 和我們之前介紹為物件加上動畫效果並沒有不同。不過, 無論你剛才點選的是整個 SmartArt 圖形, 或是 SmartArt 圖形中的一組圖案, 由於 SmartArt 圖形預設是以 "群組" 方式存在, 所以就算點選其中一個圖案來設定動畫, 圖形仍會一起出現。

若要變更 SmartArt 圖形動畫的播放方式, 請在套用動畫後按下**效果選項**鈕來設定:

以下說明這些選項的播放效果, 為看出差異, 我們為 SmartArt 圖形改套用**進入/圖案**效果, 並按下**效果選項**鈕設定**方向：向外、圖案：菱形**, 你可以一一套用**順序**區的各個選項, 從投影片的預覽效果中看出差異：

● 整體：將整個 SmartArt 圖形當做一個圖案來播放動畫效果。

● 同時：以 SmartArt 圖形中的各個圖案為單位, 同時播放動畫效果。

● 一個接一個：將 SmartArt 圖形中的圖案不分層級一個接著一個播放。

● 依層級同時：SmartArt 圖形中相同層級的圖案一起播放。

● 依層級一個接一個：將 SmartArt 圖形中相同層級的圖案一個接著一個播放, 第 1 層級依序播完, 才會播放第 2 個層級的圖案。

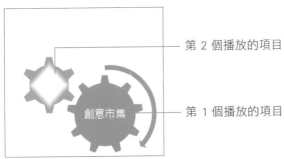

第 2 個播放的項目

第 1 個播放的項目

15-7 利用按鈕或圖案來控制動畫播放

投影片動畫也可以像電視遙控器一樣, 只要我們在放映時按下按鈕, 就播放下一張、跳到第 3 張, 或是結束播放等。這一節就來為投影片加入這些可控制簡報播放的特效。

在投影片上加入動作按鈕

光是靠按下滑鼠左鈕來翻頁, 實在了無新意, 若是使用互動式方式, 可以讓翻頁的動作變得更有變化。馬上帶各位來感受一下, 請利用範例檔案 Ch15-03 來練習, 假設我們想在第 2 張投影片標題的右側加上一個按鈕, 按下按鈕就切換到上一頁回顧內容:

STEP 01 切換到範例檔案 Ch15-03 的第 2 張投影片, 然後將功能區切換到**插入**頁次, 按下**圖例**區的**圖案**鈕, 從中選取最下方的**動作按鈕**類圖案:

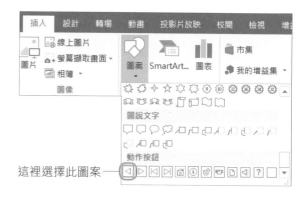

這裡選擇此圖案

STEP 02 在第 2 張投影片標題的右側拉曳出按鈕範圍, 放開滑鼠左鈕時, 會立即開啟**動作設定**交談窗, 讓我們設定要進行的動作:

1 在此拉曳出圖案

活動辦法

♥春天就是要野餐!野餐風已經悄悄漫延開來了,請你準備好春天的粉紅色心情、裝好粉紅色的美味, 和我們一起來個粉紅野餐吧!

♥活動詳情如下:
· 時間:**4月第 2 個星期六 10:00AM-06:00PM**
· 地點:河濱公園
· 費用:免費入場

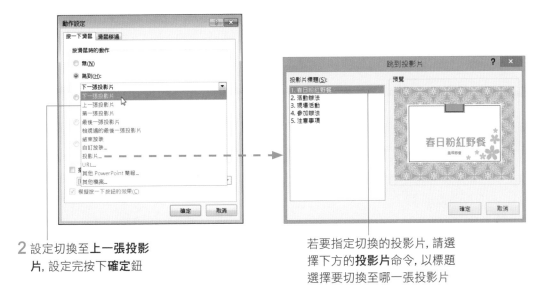

2 設定切換至**上一張投影片**, 設定完按下**確定**鈕

若要指定切換的投影片, 請選擇下方的**投影片**命令, 以標題選擇要切換至哪一張投影片

以後放映簡報時, 在投影片上按一下按鈕 ◀ , 就會回到上一張投影片。趕緊試試看吧！

PowerPoint 一共內建了 12 個動作按鈕, 以下列出按鈕及預設動作供你參考：

動作按鈕	說明	動作按鈕	說明
◁ 上一項	往前翻一頁	↩ 返回	翻到上次檢視的投影片
▷ 下一項	往後翻一頁	🎞 影片	播放影片
◁| 起點	翻到第 1 張投影片	🗋 文件	跳到某個文件檔案
|▷ 終點	翻到最後一張投影片	🔊 聲音	啟動某個音效檔案
🏠 首頁	回到簡報的標題投影片	⍰ 說明	開啟說明文件
ⓘ 資訊	開啟相關文件	☐ 自訂	自訂該鈕的功能

當你選取按鈕圖案, 並在投影片拉曳出範圍後, 開啟的交談窗會自動設定成預設的動作, 方便你直接套用, 例如選擇 ◀ 圖案, 拉曳出按鈕後, 交談窗會自動設定為**跳到**：**上一張投影片**。若要修改內容, 請選取動作按鈕後, 按下滑鼠右鍵, 執行『**編輯超連結**』命令, 即可再度開啟**動作設定**交談窗做修改。

將動畫開關設定在圖案上

如果覺得 PowerPoint 提供的**動作按鈕**太制式, 我們也可以將動畫的開關設置在投影片上的物件。請切換至第 1 張投影片, 假設在放映時, 我們希望按一下 "櫻花" 圖案, 才播放標題動畫, 請先切換到**動畫**頁次再如下設定:

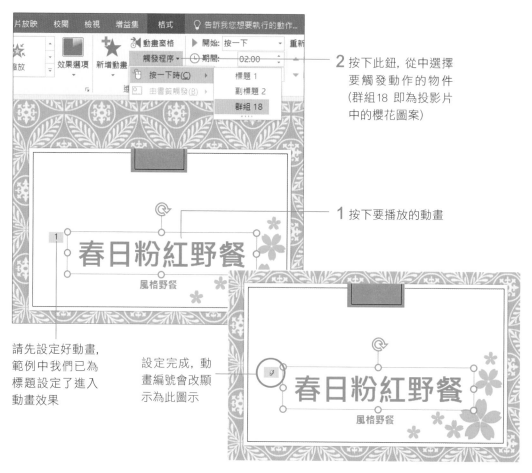

2 按下此鈕, 從中選擇要觸發動作的物件 (群組18 即為投影片中的櫻花圖案)

1 按下要播放的動畫

請先設定好動畫, 範例中我們已為標題設定了進入動畫效果

設定完成, 動畫編號會改顯示為此圖示

放映投影片時, 就會體驗 "互動功能" 的效果了。若要取消該標題的互動功能, 請再執行一次以上的步驟, 取消物件前的打勾符號, 就會回復之前設定的動畫順序了。

有關投影片動畫效果的設定就介紹到這裡, 最後要提醒大家, 在投影片中使用動畫是為了讓簡報感覺更生動活潑, 但動畫效果不能過度濫用, 否則反而會適得其反, 模糊了焦點哦!

CHAPTER

16

超完美簡報 放映技巧

製作簡報的最終目標無非就是 "放映簡報", 本章將告訴您放映投影片的各項相關設定與技巧, 讓您能夠從容上台, 做一場最完美的演出。

- 放映簡報及換頁控制
- 放映投影片以畫筆做輔助說明
- 自訂放映的投影片範圍
- 讓簡報自動播放
- 搭配投影機放映簡報
- 讓備忘稿只出現在筆電螢幕

PowerPoint

16-1 放映簡報及換頁控制

當你的簡報一切都已準備妥當, 再來就是 "正式放映" 了。要放映簡報, 除了以往提到的按下 🖵 鈕開始播放外, 還有數種方法可靈活運用。播放時換頁的快速鍵更是展現專業不可或缺的小技巧。

馬上就來看看播放簡報的幾種方式, 以下將分別說明從第一張開始播放, 與從目前這張投影片開始播放的方法:

● 從首張投影片: 按下 F5 鍵, 可從簡報檔案的第一張投影片開始播放, 或按下**投影片放映**頁次**開始投影片放映**區的**從首張投影片**鈕。

● 從目前投影片: 按下**投影片放映鈕** 🖵 , 可從目前檢視的那張投影片開始播放, 亦可按下 Shift + F5 鍵播放, 或在**投影片放映**頁次的**開始投影片放映**區按下**從目前投影片**鈕。

切換至**投影片放映**頁次, 可利用按鈕來放映投影片

啟動**投影片放映**模式, 投影片會填滿整個螢幕, 接著要介紹放映的換頁技巧。

放映投影片時的換頁技巧

開始放映投影片之後, 若要翻到下一張投影片, 你可以按一下滑鼠左鈕, 或將滑鼠滾輪向前滑, 若是要用鍵盤切換, 則可按下 空白鍵 、 Page Down 、 ↓ 、 → 鍵; 要翻回到上一張投影片時, 請將滑鼠滾輪向後滑, 或按下 Page Up 、 ↑ 、 ← 鍵。

只要記住前後翻頁的技巧, 就可按照順序將投影片播放完畢, 中途要結束放映, 可按下 Esc 鍵, 若想試試看上述的操作, 可開啟範例檔案 Ch16-01 來練習。

若投影片中的物件設定了動畫效果, 且播放方式為**按一下**, 則上述翻到下一張投影片的動作會變成播放動畫, 待該張投影片的動畫都播放完畢, 才會翻到下一張。

豪景-帝國尊榮

尊貴優質住宅
建築藝術典範

按下 空白鍵 、
Page Down 、 ↓ 、
→ 鍵, 都可切
換到下一頁

按下 Page Up 、
↑ 或 ← 鍵, 都
可切換到上一頁

專案介紹

- 天母地區，罕見的低密度開發住宅區
- 精緻典雅的歐式風格，皇家級雙併大戶，挑高6米8花崗岩大廳
- 中庭景觀視野佳、大棟距規劃
- 安全防衛有一套，杜絕宵小沒煩惱
- 每戶都有大格局風景窗，窗窗見美景

按下 Page Up 、
↑ 或 ← 鍵

按下 空白鍵 、
Page Down 、 ↓ 、
→ 鍵

皇家級
住家設施

- 四季溫水游泳池
- 禮賓花園廣場
- 採光健身房
- 韻律&親子教室
- 多功能視聽電影院

不過正式簡報時常會有些突發狀況，例如臨時需要從第 1 張投影片翻到第 4 張，然後再回到第 2 張繼續往下播放，這時只要在鍵盤上按下欲前往的投影片編號 (例如 4)，然後按 Enter 鍵，即可迅速切換到那張投影片。

　　如果不知道欲切換的投影片編號是多少，那麼還可以在放映的投影片上按右鈕，從『**查看所有投影片**』命令功能表來選擇：

若要離開縮圖畫面繼續放映
投影片，請按下此向左箭頭

執行命令後會顯示所有的投影片
縮圖，可輕鬆點選欲放映的投影片

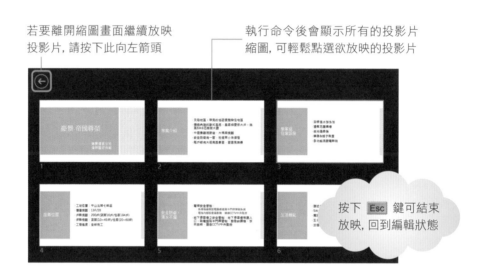

按下 Esc 鍵可結束
放映，回到編輯狀態

運用放映控制鈕切換投影片

放映投影片時，PowerPoint 在每張投影片的左下角都設置了 6 個放映控制鈕，當滑鼠移到投影片上時才會顯示。放映時可利用這幾個按鈕來控制翻頁：

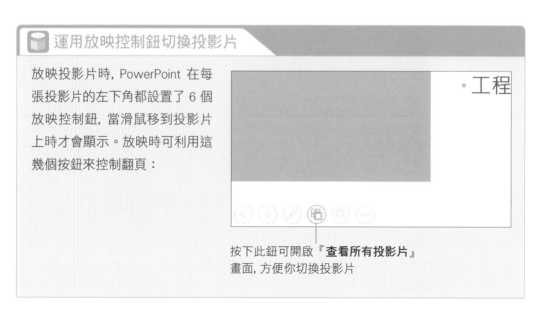

按下此鈕可開啟『**查看所有投影片**』
畫面，方便你切換投影片

放大檢視投影片內容

當投影片的內容較多，我們可能會透過縮小字型的方式，將所有內容納入同一張投影片，確保內容的完整。但字太小或內容太多，有可能造成放映的效果不佳，例如後排觀眾看不清楚，或是內容太多讓觀眾找不到重點。

此時您可以在放映時善用拉近顯示功能，幫助觀眾更專注於您要說明的重點。在切換到要放大的投影片後，請按下滑鼠右鈕執行『**拉近顯示**』命令，也可以將指標移至投影片左下角按下 ⊕ 鈕來選取欲放大的範圍：

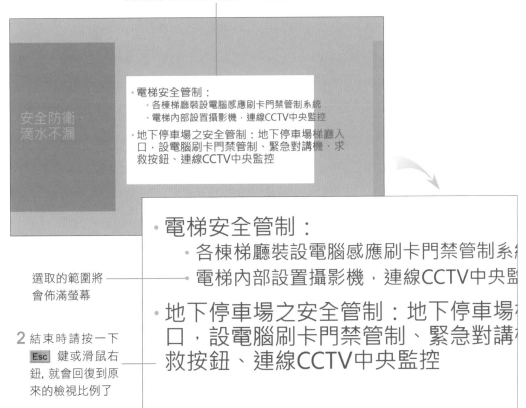

1 執行命令後請移動指標以選取要放大的範圍, 確定範圍後按一下左鈕

選取的範圍將會佈滿螢幕

2 結束時請按一下 Esc 鍵或滑鼠右鈕, 就會回復到原來的檢視比例了

除了上述按右鈕的方法，你也可以按下投影片左下角的 ⊕ 鈕來選取欲放大的範圍，達到相同的效果。

放映中將畫面切換為全黑或全白

　　進行簡報放映時，可能會講解到投影片以外的內容，這時我們可以將螢幕暫時切換成 "全黑" 或 "全白"，這樣觀眾才不會被螢幕上的投影片分散注意力。

　　要將放映螢幕暫時切換成 "全黑"，可按 **B** 鍵，切換成 "全白" 則按 **W** 鍵；你也可以按下投影片左下角的 ⬤ 鈕，在『**螢幕**』功能表中執行『**螢幕變黑**』或『**白色螢幕**』命令來切換。而要從全黑或全白螢幕切回投影片，只要按一下滑鼠，或隨意按下一個按鍵即可。

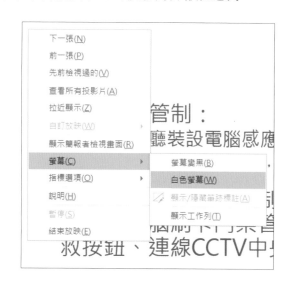

放映途中切換到其它程式

　　放映投影片是以全螢幕播放，若有需要臨時切換到其他應用程式，可先將應用程式開啟並最小化，放映時再按下投影片左下角的 ⬤ 鈕，執行『**螢幕/顯示工作列**』命令：，此時螢幕下方便會浮現出工作列方便我們切換程式：

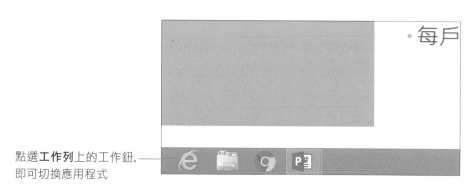

點選**工作列**上的工作鈕，
即可切換應用程式

　　關閉或最小化應用程式視窗，即可回到剛才的那張投影片繼續播放簡報。

換頁與放映快速鍵彙整

最後我們將這一節介紹的換頁與放映快速鍵彙整成表格，方便您參考：

動作	快速鍵
從首張投影片播放	F5
從目前投影片播放	Shift + F5
執行下一個動畫或翻到下一張	N 、 Enter 、 空白鍵 、 Page Down 、 ↓ 、 →
執行上一個動畫或翻到上一張	P 、 Page Up 、 ↑ 或 ← 、 ←Backspace
移至某張投影片	投影片編號 + Enter
切換全黑螢幕與投影片	B 、 • (句點)
切換全白螢幕與投影片	W 、 , (逗點)
結束簡報	Esc

如果覺得以上的快速鍵不好記憶，也可以在放映模式中，按下 F1 鍵（或在投影片上按右鈕執行『**說明**』命令）取得放映控制的快速鍵說明。建議你平時就要熟記這些快速鍵的操作，正式簡報時就不用叫它出來跟大家見面了：

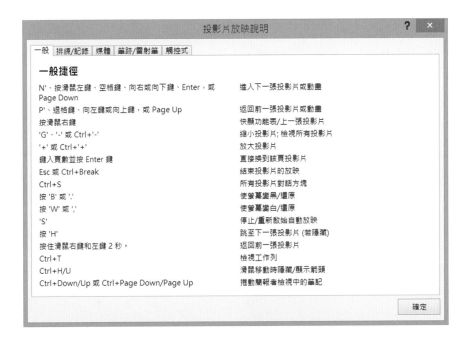

放映投影片以畫筆做輔助說明

放映簡報時，有些人喜歡用 "雷射筆" 掌握觀眾的視線焦點；有些人習慣拿支 "投影筆" 在投影片上圈選提示或畫重點，PowerPoint 的滑鼠指標同時具有這兩項功能。

將滑鼠指標轉換為雷射筆

簡報時常用的小道具就是**雷射筆**。雷射筆的作用可將觀眾的焦點指向正確的位置，讓觀眾能專注於簡報的內容，而 PowerPoint 也為我們準備了這個簡報利器。

在播放簡報的過程中，按下滑鼠右鈕，執行『**指標選項/雷射筆**』命令，滑鼠指標就會暫時切換成雷射筆的模樣：

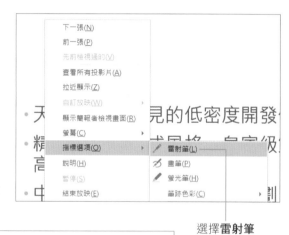

選擇**雷射筆**

- 天母地區，罕見的低密度開發住宅區
- 精緻典雅的歐式風格，皇家級雙併大戶高6米8花崗岩大廳
- 中庭景觀視野佳、大棟距規劃
- 安全防衛有一套，杜絕宵小沒煩惱
- 每戶都有大格局風景窗，窗窗見美景

透過雷射筆可幫助觀眾更聚焦簡報內容

若簡報套用了紅色的佈景主題，或設定了紅色的字型，都不適合用紅色的雷射筆。此時可先變更雷射筆的顏色再行播放，請結束放映再切換到**投影片放映**頁次，然後按下**設定**區的**設定投影片放映**鈕，開啟如下的交談窗來設定：

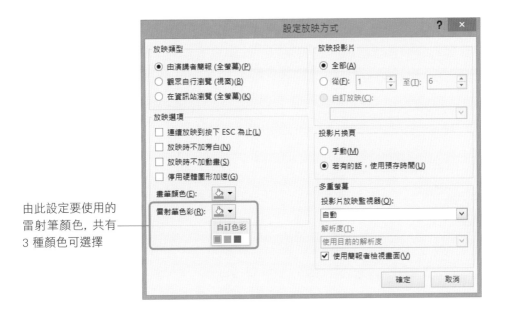

由此設定要使用的
雷射筆顏色, 共有
3 種顏色可選擇

簡報時運用螢光筆加強重點

播放簡報時, 還可利用畫筆或螢光筆隨時在投影片上加註提示, 而 PowerPoint 準備的那支筆, 正是播放時常要用到的滑鼠。只要在放映時按下左下角的 ✐ 鈕, 或按下滑鼠右鈕執行『**指標選項**』命令, 即可從選單中選擇要使用**畫筆**或**螢光筆**。**畫筆**較細, 適合用來書寫文字;**螢光筆**較粗, 適合用來標示重點:

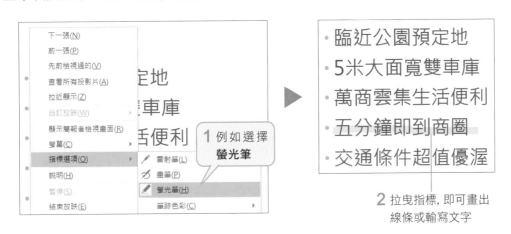

想要將畫筆或螢光筆回復成滑鼠指標時, 請按下投影片左下角最右側的 ⦿ 鈕, 執行『**箭號選項/自動**』命令, 或按下 Ctrl + A 快速鍵, 相關設定我們將在稍後說明。

變更螢光筆的顏色

假如螢光筆 (或畫筆) 的顏色和投影片的顏色太相近, 讓人看不清楚加註的筆跡, 那麼你還可以變更螢光筆的顏色。請在簡報放映時按下投影片左下角的 ✐ 鈕選擇『**螢光筆**』之後, 再按一次 ✐ 鈕, 設定想要使用的顏色:

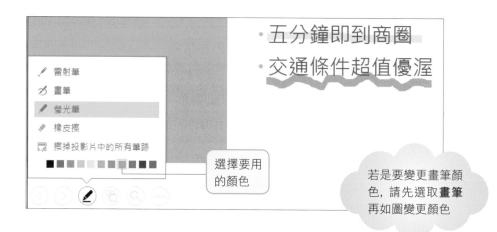

選擇要用的顏色

若是要變更畫筆顏色, 請先選取**畫筆**再如圖變更顏色

變更畫筆的預設顏色

畫筆預設的顏色是**紅色**, 如果想變更為其它顏色, 請在放映前切換到**投影片放映**頁次, 按下**設定**區的**設定投影片放映**鈕, 開啟**設定放映方式**交談窗, 在**畫筆顏色**列示窗中設定:

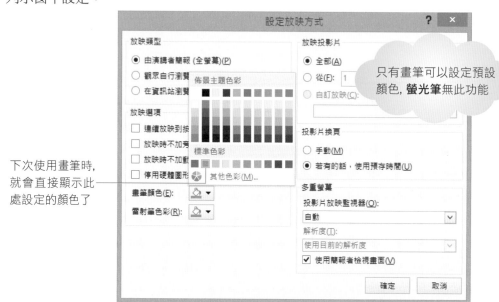

下次使用畫筆時, 就會直接顯示此處設定的顏色了

只有畫筆可以設定預設顏色, **螢光筆**無此功能

清除與保留畫筆筆跡

如果簡報過程畫了太多線段, 加註過多文字, 反而會造成閱讀的困難, 想要清除投影片上全部的筆跡, 可按下 E 鍵快速清除; 若只想清除部份的內容, 請按下投影片左下角的 🖊 鈕, 再如下操作:

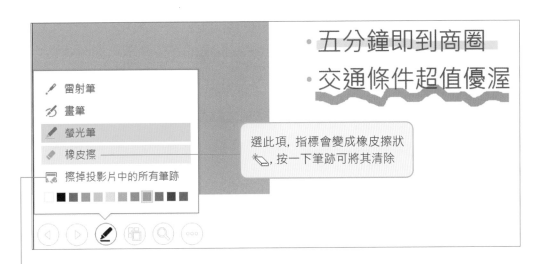

執行此命令可清除所有的筆跡

選此項, 指標會變成橡皮擦狀 🖊, 按一下筆跡可將其清除

按一下要擦除的筆跡

當結束播放時若還有筆跡尚未清除, 將會顯示如圖的交談窗, 詢問你是否要將筆跡儲存起來:

按此鈕可將投影片上的筆跡保留下來

按此鈕則會清除投影片上的所有筆跡, 還你一份乾淨的簡報

保留筆跡並儲存簡報後，下次開啟簡報仍會看到書寫的筆跡。若要清除筆跡，請選取投影片上的筆跡，再按下 Delete 鍵將其刪除。

暫時隱藏筆跡

假如你希望跡筆保留下來，但暫時不要顯示，等到適當時機再顯示，那麼可以在放映模式中按下投影片左下角的 ⊙ 鈕，執行『**螢幕/隱藏筆跡標註**』命令，再次執行『**螢幕/顯示筆跡標註**』命令，隱藏的筆跡就又會出現了。

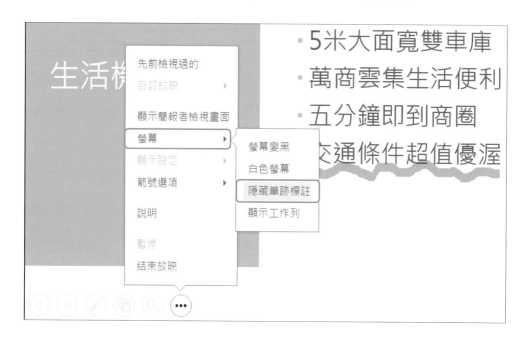

使用畫筆時的翻頁技巧

當你搭配畫筆講解完一張投影片，要切換至上、下張時，若需要繼續使用畫筆功能，請利用快速鍵 Page Up 、 Page Down 、 ↓ 、 ↑ 來切換投影片。若不需使用畫筆，可將指標切換回 "箭頭" 指標 (按 Ctrl + A 鍵)，再到投影片上按一下就能切換投影片了。

放映時顯示或隱藏指標

在經過幾次的播放練習後，相信您也發現了，滑鼠的箭頭指標常會自動消失不見，目的是避免影響視覺焦點，等到要使用時，只要移動滑鼠，箭頭指標就會出現了。

此外，我們還可以設定讓箭頭指標永遠顯示或永遠隱藏。請切換到放映模式，再按下投影片左下角的 ⬭ 鈕，然後在『**箭號選項**』功能表中選擇：

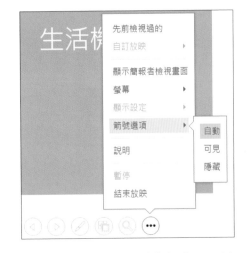

- 自動：放映投影片時，若滑鼠靜止一段時間，便會自動將指標隱藏起來，一旦移動滑鼠則又會出現。按 `Ctrl` + `U` 可立即切換這個狀態。

- 可見：在放映投影片時，始終顯示箭頭指標。按 `Ctrl` + `A` 可立即切換這個狀態。

- 隱藏：放映投影片時不顯示箭頭指標，按 `Ctrl` + `H` 可立即切換這個狀態。此時雖然看不見指標，但仍然可以用滑鼠操作換頁、開啟快顯功能表等動作，不過左下角的控制鈕將無法使用。

放映時畫筆、指標相關快速鍵彙整

最後我們將這一節介紹有關畫筆及指標的快速鍵彙整成表格，方便各位參照：

動作	快速鍵
切換成畫筆指標	`Ctrl` + `P`
箭頭指標切換成**自動放映**	`Ctrl` + `U`
箭頭指標切換成**顯示**	`Ctrl` + `A`
箭頭指標切換成**永遠隱藏**	`Ctrl` + `H`
清除所有投影片的筆跡	`E`

16-3 自訂放映的投影片範圍

雖然放映投影片時, 我們可以用 "跳躍式" 的換頁方法來切換投影片, 例如從第 1 張直接切換到第 4 張, 但若能事先設定好的話, 就不必這麼麻煩了。本節將介紹 3 種設定放映投影片範圍的方法, 幫你解決這件麻煩事。

隱藏不播放的投影片

若這次的簡報中, 其中有幾張投影片用不到, 我們可以將這幾張投影片先隱藏起來, 那麼正式放映時這些隱藏的投影片就不會出來攪局了。請重新開啟範例檔案 Ch16-01, 假設這次簡報中我們用不到其中**專案介紹**這張投影片, 就可以如下操作將它隱藏起來:

2 切換到**投影片放映**頁次, 按下**設定**區的**隱藏投影片**鈕

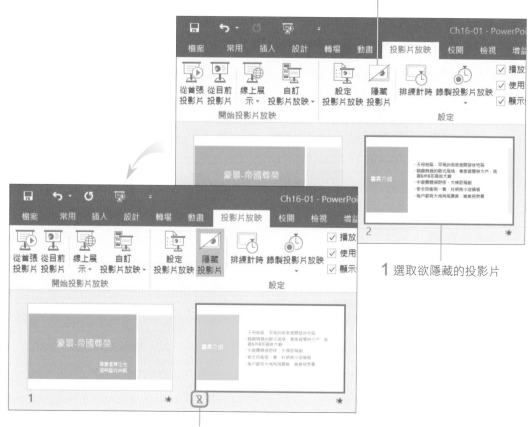

1 選取欲隱藏的投影片

隱藏的投影片編號會加上外框並畫上斜線

若要取消投影片的隱藏設定，只要重新選取該投影片，然後在**投影片放映**頁次的**設定**區再按一次**隱藏投影片**鈕 (呈彈起狀態) 即可。

放映隱藏的投影片

放映簡報時會自動跳過隱藏的投影片，但假如臨時需要放映那張隱藏的投影片，該怎麼辦？很簡單，假如下一張剛好就是那張隱藏的投影片，按 H 鍵就可以放映了；或在投影片上按右鈕執行**查看所有投影片**命令, 就可以從中選取了。

隱藏的投影片縮圖會變暗, 點選即可播放

設定放映範圍

除了隱藏不放映的投影片外, 你還可以事先設定要放映的投影片範圍, 例如從第 3 張放到第 6 張, 設好後就只會放映這個範圍的投影片。這個方法的好處是, 你不用費事去隱藏投影片, 缺點則是這個範圍必須是連續的, 而且無法臨時放映不在設定範圍中的投影片。

要設定放映範圍, 請切換至**投影片放映**頁次在**設定**區按下**設定投影片放映**鈕：

選取此項, 然後填入放映範圍即可

自訂要放映的投影片

假設你有一份簡報要在多個場合使用，可是每個場合所需的投影片不盡相同，例如公司內部的簡報需要第 1、4、5、6 張的投影片，對客戶的簡報則需要第 1、3、4、5 張的投影片。在這種情況下，假如你利用前面介紹的 2 種方法來設定，肯定會手忙腳亂，這時可以利用**自訂放映**功能，將各場簡報所需的投影片都先設定好，進行哪一場簡報就選擇哪一組的設定，這樣就不會弄亂了。

請利用範例檔案 Ch16-01 來練習，我們要建立對公司內部簡報的自訂放映設定：

STEP 01 首先切換到**投影片放映**頁次，按下**開始投影片放映**區的**自訂投影片放映**鈕，執行『**自訂放映**』命令開啟**自訂放映**交談窗：

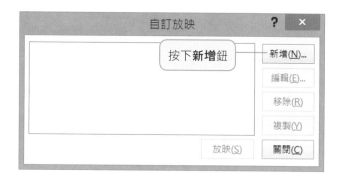

STEP 02 開啟**定義自訂放映**交談窗後，設定這組自訂放映的名稱及要放映的投影片：

1 為自訂放映取個名稱

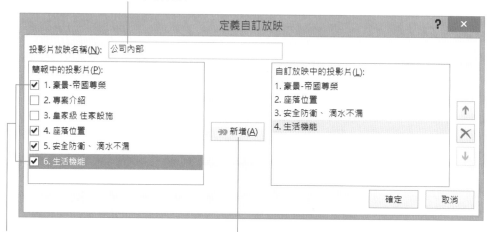

2 勾選欲放映的投影片　　**3** 按**新增**鈕將投影片加入右邊的窗格中

STEP 03 加入要放映的投影片後，如果想要調整順序，可在選取投影片後利用右側的**向上鈕** ↑ 、**向下鈕** ↓ 調整。

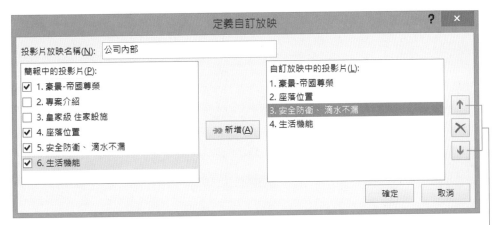

由此調整順序

STEP 04 設好投影片順序後，便可按下**確定鈕**返回**自訂放映**交談窗，再按下交談窗的**放映**鈕測試設定的結果，或按下**關閉**鈕結束設定。

以後若要播放 "公司內部" 這組自訂的放映簡報，請到**投影片放映**頁次的**開始投影片放映**區，按下**自訂投影片放映**鈕來選擇：

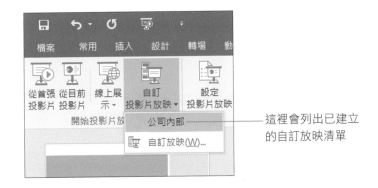

這裡會列出已建立的自訂放映清單

16-4 讓簡報自動播放

自動放映簡報就是讓簡報自動換頁, 不需人為來說明、操控。若你的簡報是為了展示, 例如在觀光景點供遊客觀賞的導覽、賣場的產品介紹、婚禮的相片展示、…等, 便可製作成自動放映簡報。

要建立自動放映簡報, 只要把每張投影片的放映時間都先設好, 播放簡報的時候就會按照設定的時間自動換頁。而設定投影片的放映時間有 2 種方式, 一種是直接設定每張投影片要放映的時間; 另一種是實地排練, 在排練當中讓 PowerPoint 記下每張投影片的放映時間。

設定每張投影片停留的時間

展場的產品目錄、婚禮現場的相片展示等, 每張投影片放映時間都相同的情況, 可先按下**轉場**頁次標籤, 在**轉場**頁次的**預存時間**區進行設定。只要在**每隔**欄設定一個時間, 按下左側的**全部套用**鈕, 所有的投影片就會套用相同的放映時間了。

1 先任意點選一張投影片   **2** 接著到**轉場**頁次, 在**每隔**中輸入時間

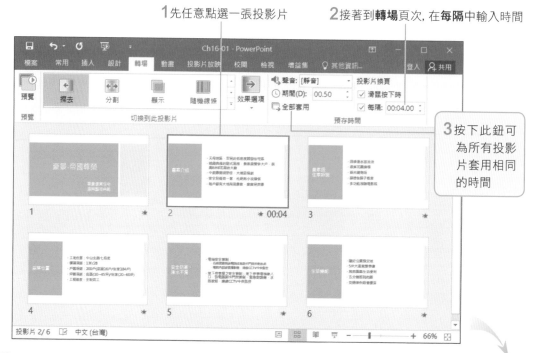

3 按下此鈕可為所有投影片套用相同的時間

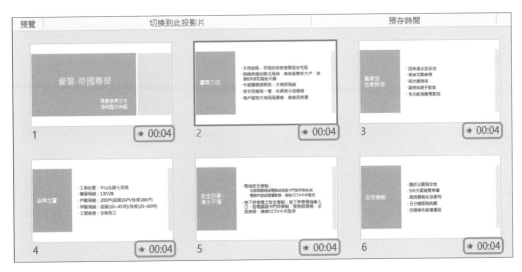

▲ 每張投影片下方都會顯示播放時間

假如某張投影片的內容較多, 要拉長放映時間, 可先選取該張投影片, 再於**每隔**欄設定時間, 只要不按**全部套用**鈕就不會影響其它張投影片的時間了。若要取消設定, 可直接取消**每隔**選項設定。

實際排練記錄簡報放映時間

如果簡報中穿插了產品的特色說明, 需要停留較長的時間, 讓觀眾有充份的時間可以閱讀;而產品相片的部份, 可能就不需要太長的時間, 因應這種時而要長、時而要短的情況, 我們可以先實際排練一遍, 將所需的時間記錄下來。這裡以範例檔案 Ch16-01 來示範說明。

STEP 01 請在**投影片放映**頁次的**設定**區按下**排練計時**鈕, 開始進行簡報排練。排練時請比照正式播放簡報般適時手動切換投影片, 螢幕的左上角會出現一個**錄製**面板, 這個面板會記錄每張投影片的放映時間, 並累計所有投影片的放映時間:

計算每張投影片的放映時間 ——

—— 已放映投影片的累計時間

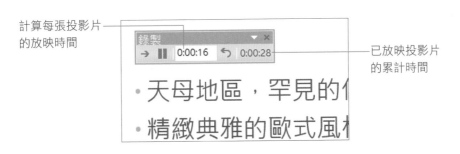

STEP 02 假如有某張投影片的時間太長或太短，你可以按下**重複鈕**  ，暫停錄製並重新計算該張投影片的時間。如果在排練中想暫停，可按下**暫停錄製鈕**  停止計時，等準備好再按下交談窗中的**繼續錄製**鈕繼續排練。若是中途想終止排練，那麼一樣是按 Esc 鍵。

暫停時會顯
示此交談窗

若要繼續請按下此鈕

STEP 03 當所有的投影片都排練過後，或是中途按下了 Esc 鍵，PowerPoint 會將所有時間加總，並詢問你是否將此次的排練時間設定為自動放映的時間：

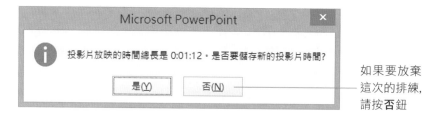

如果要放棄
這次的排練，
請按**否**鈕

STEP 04 按下**是**鈕後，PowerPoint 便會切換到**投影片瀏覽**模式，讓你觀察每一張投影片的放映時間：

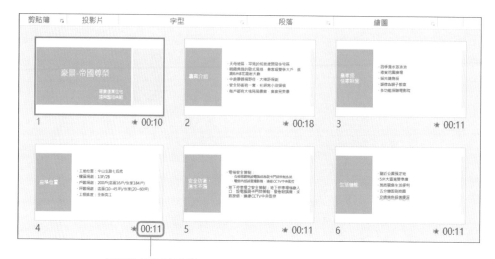

投影片的放映時間

播放自動放映的簡報

設定了自動放映的簡報，記得先在**投影片放映**頁次的**設定**區勾選**使用預存時間**，再開始放映投影片，如此投影片即會依排定的時間自動換頁；取消該項目，表示改為手動換頁：

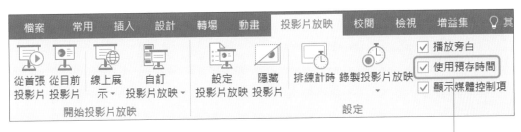

此項可切換自動/手動的換頁方式

在自動放映中，即使換頁時間未到，但您想切換到下一張時，可以直接按下左鈕 (或 Enter 鍵) 切換，中途也可以按 Esc 鍵停止放映。

此外，在展覽會場播放簡報，或無人控制簡報播映時，還可以讓自動播放的簡報不斷重複，且放映中無法以快速鍵或快顯功能表來操作，以免觀眾隨意操作。請切換至**投影片放映**頁次，按下**設定**區的**設定投影片放映**鈕，開啟**設定放映方式**交談窗來設定：

以此類型播放, 除非按下 Esc 鍵
中止, 否則會不斷播放簡報

設定放映方式	? ✕
放映類型 ○ 由演講者簡報 (全螢幕)(P) ○ 觀眾自行瀏覽 (視窗)(B) ◉ 在資訊站瀏覽 (全螢幕)(K)	**放映投影片** ◉ 全部(A) ○ 從(F): 1　至(T): 6 ○ 自訂放映(C):
放映選項 ☑ 連續放映到按下 ESC 為止(L) ☐ 放映時不加旁白(N) ☐ 放映時不加動畫(S) ☐ 停用硬體圖形加速(G)	**投影片換頁** ○ 手動(M) ◉ 若有的話，使用預存時間(U)

16-5 搭配投影機放映簡報

簡報製作完成後, 接下來就是正式簡報的時間了。若是您發表簡報的場所是大型會議室或是展示場, 那麼通常會利用投影機來播放簡報, 因此投影機的使用方式也要來了解一下哦!

認識播放器材

這一節我們要為您介紹如何使用單槍液晶投影機來放映簡報, 先來認識需要準備的器材有哪些。

● 單槍液晶投影機一部。

● 筆記型電腦一部 (記得將做好的簡報儲存到筆記型電腦中)。

● 兩端都是 15 隻針腳的 D 型接頭的訊號線一條 (通常購買液晶投影機時都會隨機附贈)。

筆電與投影機的連接方式

要將筆記型電腦與單槍液晶投影機連接, 可以利用筆記型電腦的視訊接頭來與單槍液晶投影機 Computer RGB 區的 In1 或 In2 連接:

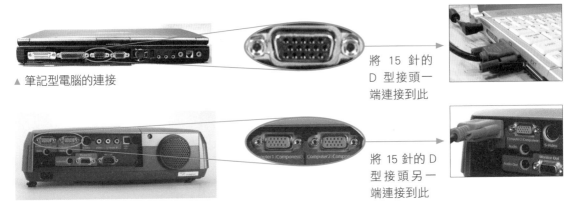

▲ 筆記型電腦的連接

將 15 針的 D 型接頭一端連接到此

▲ 投影機的連接

將 15 針的 D 型接頭另一端連接到此

由於電腦輸出的訊號為 RGB ，所以當您連接好之後，請記得將投影機調整為 RGB 模式 (每部投影機的設定都不同，請參考投影機的說明文件)。

開始播放簡報

將筆電與投影機連接好之後，就可以準備開始播放簡報了。如果連接之後，投影布幕並未顯示筆電的螢幕內容；或是還想修改簡報，不想讓投影布幕與筆電螢幕同步，都可按下 Windows 7 的快速鍵 ⊞ + P ，出現如下的選單再用滑鼠點選來設定：

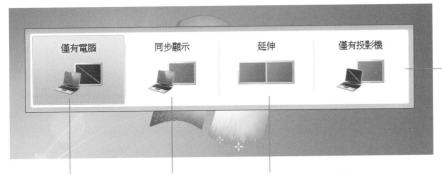

只在投影布幕顯示畫面，筆電螢幕會一片漆黑，切換至此模式可節省筆電電力

只要筆電顯示畫面，投影布幕會一片漆黑，適合在準備簡報時使用

筆電與投影布幕顯示相同畫面，簡報時可切換至此模式

可將投影布幕視為筆電的延伸桌面，相關應用請參考下一節

 若作業系統不是 Windows 7，將無法使用上述的快速鍵，請直接按下筆電上簡報對應的功能鍵或快速鍵。每部筆電進入簡報模式的方式不盡相同，請參考筆電使用手冊。

16-6 讓備忘稿只出現在筆電螢幕

當你將筆電連接到單槍投影機之後, 還可以設定讓兩個螢幕顯示不同的畫面, 例如已在簡報輸入了備忘稿, 就可以讓投影機單純播放簡報, 備忘稿的小抄、提醒事項, 就留在筆電的螢幕自己看就好了。

請先參考上一節的說明, 連接好單槍投影機和筆電, 預設情況下投影機會秀出筆電螢幕上的內容, 也就是兩個螢幕**同步**的狀態。以下就以 Windows 7 系統為例, 說明如何讓備忘稿只顯示在筆電螢幕, 而不出現在投影機螢幕。

STEP 01 開啟要播放的簡報, 再切換至**投影片放映**頁次, 檢查是否已勾選**監視器**區的**使用簡報者檢視畫面**:

勾選此項

STEP 02 此時會立即偵測是否在多螢幕的環境, 請按下交談窗的**檢查鈕**。

告知您此功能必須在多螢幕環境下使用

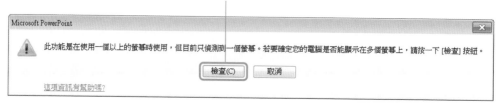

STEP 03 接著會開啟**變更顯示器的外觀**交談窗, 請將**多部顯示器**選項設為**延伸這些顯示器**再按下**套用**鈕, 若出現詢問是否保留顯示設定訊息, 請按下**保留變更**鈕。

設定為此項

顯示設定

您要保留這些顯示設定嗎？

保留變更(K)   還原(R)

14 秒之後還原至先前的顯示設定。

按下此鈕

2 按下**套用**鈕

1 按下此螢幕

STEP 04 按下圖中標示為 1 的螢幕圖示，確認已設定為使用中的筆電。

2 設定為**行動電腦顯示器**

此處會顯示此為主顯示器

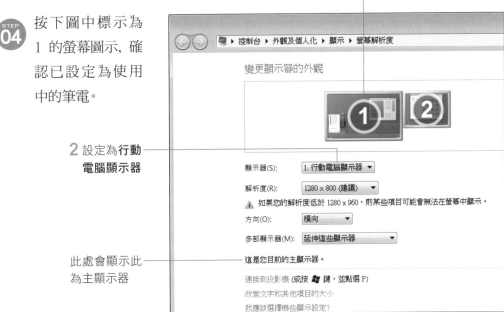

STEP 05 再按下圖中標示 2 的螢幕圖示, 確認已設定為投影機, 然後按下**確定**鈕。

1 按下此螢幕

2 設定為投影機

若要切換成
主顯示器,
請勾選此項

STEP 06 回到 PowerPoint 編輯視窗, 切換到**投影片放映**頁次, 確認已勾選**監視器**區的**使用簡報者檢視畫面**選項, 再將**監視器**項目設定為要正式播放簡報的顯示器 (投影機)。

1 確認勾選此項　　　　2 設定投影機

STEP 07 切換到**投影片放映**頁次, 再按下**從首張投影片**鈕, 就可以開始播放簡報了, 筆電螢幕上看到的畫面, 會與投影布幕不同。

◀ 投影布幕看到的畫面, 就是正式播放的簡報內容

投影布幕上的畫面

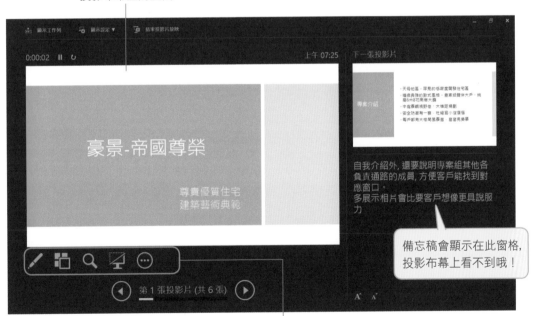

▲ 筆電上看到的畫面, 則是**簡報者檢視畫面**

這幾個按鈕與放映簡報時左下角的按鈕相同

備忘稿會顯示在此窗格, 投影布幕上看不到哦!

一切就緒之後, 您就可以開始放映簡報了。

MEMO

CHAPTER

17

把簡報列印成
單張投影片、
備忘稿、講義及大綱

在正式簡報時，除了播放製作精美的投影片，也需要製作簡報時使用的書面資料，以便讓觀眾更了解簡報的內容。因此本章將說明如何將投影片列印出來，並因應各種不同的需求，將投影片列印成講義、備忘稿或大綱等形式。

- 在投影片的頁首及頁尾加入簡報資訊
- 調整投影片的版面大小、起始頁次與方向
- 為投影片套用適合列印的色彩
- 列印簡報及列印選項設定
- 列印備忘稿、講義及大綱
- 將簡報轉換到 Word 編排成講義

17-1 在投影片的頁首及頁尾加入簡報資訊

在正式列印簡報之前, 我們通常會在投影片上加入與簡報相關的資訊, 如簡報的標題、頁碼、建立日期等資訊, 使用者才不會搞亂投影片的前後順序, 並能清楚確認簡報建立的日期。

首先帶您看到簡報主題、簡報日期及頁碼, 會如何顯示在投影片上：

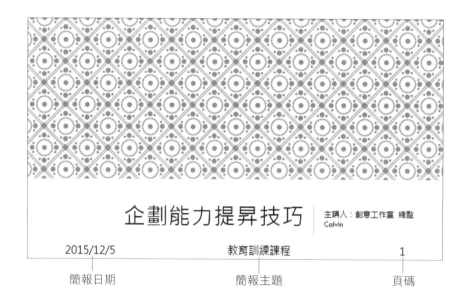

加入頁首及頁尾

請開啟範例檔案 Ch17-01 切換到**插入**頁次, 在**文字**區按下**頁首及頁尾**鈕, 開啟**頁首及頁尾**交談窗：

1 按下此鈕

2 確認已切換到**投影片**頁次

3 勾選此項, 在列印 (或放映) 時顯示日期和時間

選擇日期和時間的顯示方式, 若選取**固定**則需自行輸入日期

4 勾選此項, 再輸入要顯示的內容

5 要顯示頁碼, 請勾選此項

設定的資訊會在縮圖上以粗框線表示位置

如果不打算讓標題投影片出現頁碼資訊, 請勾選此項

6 按下**全部套用**鈕, 將設定套用到所有投影片

接下來要介紹調整頁首、頁尾及投影片編號的文字格式

企劃能力提昇技巧　　主講人:創意工作室 總監 Calvin

加入頁尾、頁碼及簡報日期了

 如果在**頁首及頁尾**交談窗按下**套用**鈕, 那麼只有目前螢幕上顯示的投影片 (或選取的投影片) 會加入設定的資訊。

調整頁首與頁尾的格式

在投影片母片中，會看到如 <#>、<日期>、<頁尾> 等字樣，這就是頁碼、日期時間、頁尾資訊顯示的地方，因此只要在這些地方進行文字格式化的設定，就能改變頁首、頁尾資訊的文字格式。我們接續上例繼續練習：

STEP 01 請切換到**檢視**頁次，再按下**投影片母片**鈕，切換到投影片母片檢視：

1 選取**投影片母片**

2 按住 Shift 鍵──選取日期、頁尾資訊及頁碼

STEP 02 切換到**常用**頁次，便可像修改一般文字的操作來設定頁首、頁尾格式：

1 設定字型、字級　　2 將文字顏色改為黑灰色

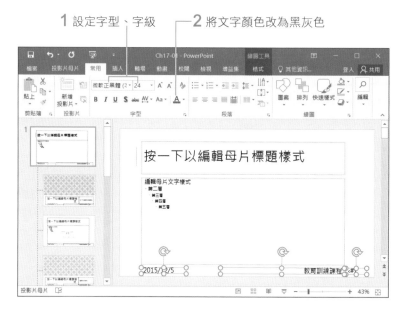

STEP 03　按下主視窗右下角的**投影片瀏覽鈕**　，就會看到設定的成果了。

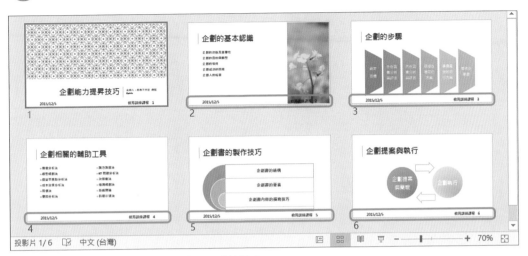

▲ 每一頁的格式都設定好了, 這就是使用母片的好處

調整頁首與頁尾的位置

PowerPoint 預設會將頁碼、日期等資訊放置在投影片的頁尾區域。若您想要移動位置, 可以把它們視為配置區, 直接使用滑鼠來拉曳調整。請再次切換到**母片檢視**模式, 假設我們要將頁尾資訊移到正中間:

1 選取**投影片母片**　　　　　**2** 選取頁尾資訊的配置區

4 再切換至**常用**頁次, 按下**段落**區
的 鈕, 讓文字置中對齊

3 拉曳到中間

調整完畢, 關閉**母片檢視**模式, 就會看到位置都調整好了。

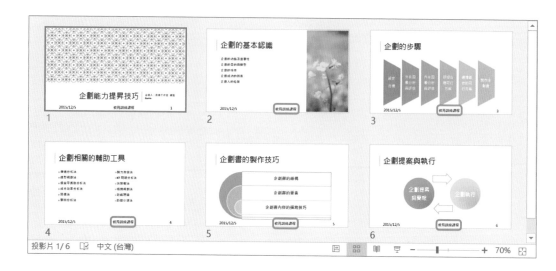

變更投影片版面大小

　　建立的新投影片, 其版面比例為 16：9, 若直接用相同螢幕比例的筆電來放映, 可讓投影片填滿整個螢幕；如果要拿到螢幕比例為 4：3 的筆電或放映機, 也可以依需要來變更投影片的比例, 以達到最佳的放映效果。接續範例檔案 Ch17-01 的練習, 目前投影片的比例為 16：9, 若要變更比例, 請切換到**設計**頁次, 再按下**投影片大小**鈕來設定：

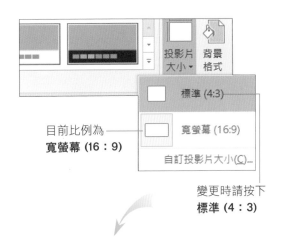

目前比例為 **寬螢幕 (16：9)**

變更時請按下 **標準 (4：3)**

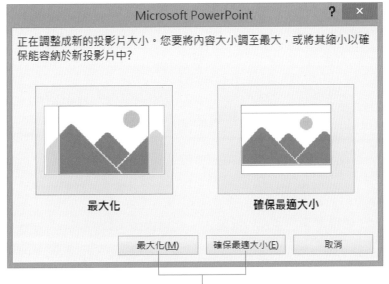

選擇要如何調整投影片的內容

以照片為例，如果選擇**最大化**，調整時會讓照片維持在投影片上的比例，所以放映時不會看到超出投影片的部份；若選擇**確保最適大小**，則會縮小照片的比例，以便顯示整張照片：

◀**寬螢幕 (16：9)**

◀**標準 (4：3)**,
設定**最大化**

請務必在放映狀態下
確認版面效果哦！

◀**標準 (4：3)**, 設定
確保最適大小

變更投影片編號起始值

　　通常 PowerPoint 預設的投影片編號從 "1" 開始, 因此勾選**頁首及頁尾**交談窗中的**投影片編號**項目後, 在簡報中所看到的順序便是由 "1"、"2"…依序編號, 但如果該份簡報必須接續在另一份簡報之後時, 可如下設定投影片的編號:

STEP 01 請接續範例檔案 Ch17-01 的練習, 首先切換到**設計**頁次, 按下**自訂**區的**投影片大小**鈕, 執行『**自訂投影片大小**』命令:

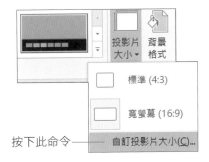

按下此命令──自訂投影片大小(C)…

STEP 02 在開啟的**投影片大小交談窗**更改編號的起始值:

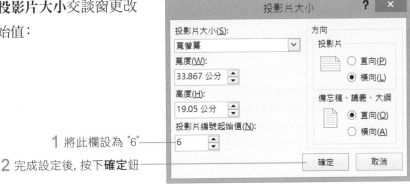

1 將此欄設為 "6"

2 完成設定後, 按下**確定**鈕

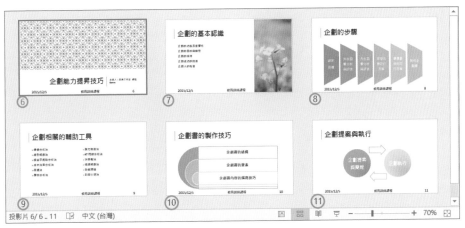

▲ 頁碼將會全部更新

變更投影片方向

若想變更投影片的方向，同樣是在**投影片大小**交談窗中設定。假設我們要將投影片改為直向，以便列印出直式的書面資料：

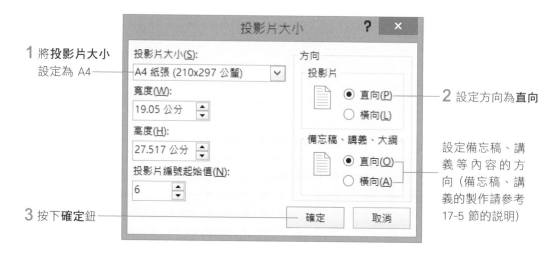

1 將**投影片大小**設定為 A4

2 設定方向為**直向**

設定備忘稿、講義等內容的方向 (備忘稿、講義的製作請參考 17-5 節的說明)

3 按下**確定**鈕

同樣會出現詢問如何調整版面的交談窗，請視情況選擇**最大化**或**確保最適大小**：

▲ 設定**最大化**

▲ 設定**確保最適大小**

17-3

為投影片套用適合列印的色彩

投影片的版面調整好之後, 我們還要檢查一下投影片的色彩配置是否太深, 若稍後要用單色印表機列印, 還可以先檢視投影片轉換成灰階的效果, 以利列印出清晰美觀的簡報。

變更投影片的背景顏色

投影片的背景顏色除了要考慮是否美觀, 還應依放映環境來做調整, 有時候白色背景會讓螢幕太亮、太刺眼, 應改套用暗色背景, 以緩和放映環境的光線。變更時可切換到**設計**頁次, 從**變化**區選擇不同的配色, 或是按下 ▼ 鈕執行『**背景樣式**』命令來變更:

選擇**背景樣式**, 只會套用背景顏色 (但套用黑色背景, 文字會自動變更為白色)

選擇配色, 會一併改變其它配置的顏色

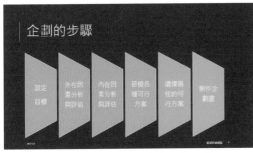

▲ 套用**變化**列示窗中的深色配色

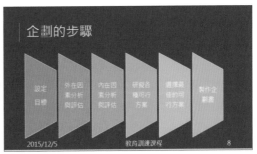

▲ 套用**背景樣式**的深色背景

預視轉換成灰階的效果

若稍後要用單色印表機列印彩色的投影片, 列印時原本設定的色彩會轉換為黑白兩色或深淺不同的灰色調 (又稱為灰階), 為了確保轉換的結果, 我們可以先在螢幕上預視, 由於只是檢視, 並不會變更投影片的實際色彩。

請重新開啟 Ch17-01, 確認已在**標準模式**, 再切換至**檢視**頁次如下操作:

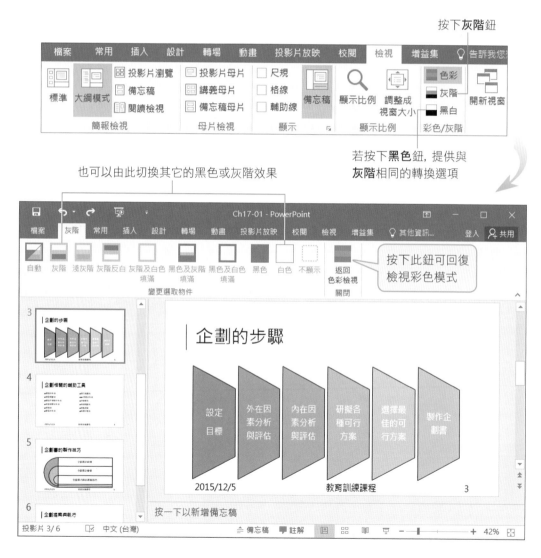

按下**灰階**鈕

若按下**黑色**鈕, 提供與**灰階**相同的轉換選項

也可以由此切換其它的黑色或灰階效果

若發現進入**灰階** (或**黑白**) 頁次, 按鈕呈灰色無法使用的狀態, 請先回到彩色模式, 將檢視模式切換成**標準模式** (或變換其他模式再切換回來), 再檢視灰階或黑白效果。

　　為整份投影片轉換灰階效果後，我們還可以為圖片套用不同的灰階效果。請先選取第 2 張投影片的圖片，再選擇功能區的轉換效果，就能單獨變更圖片了：

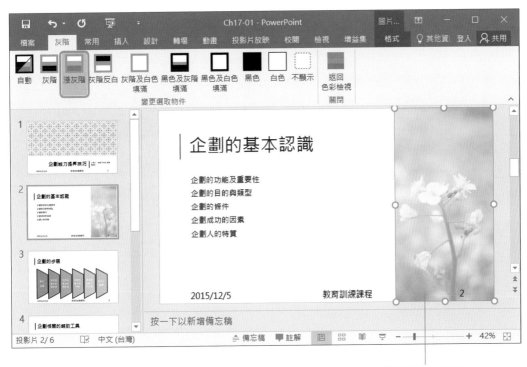

選取圖片，再套
用**淺灰階**效果

　　此處只提供灰階的預視，稍後列印時仍得在**檔案**交談窗進行設定，才能印出單色的投影片，我們將在下一節說明。

17-4 列印簡報及列印選項設定

當簡報都準備妥當、色彩也都確認合適後, 我們便可以進行列印投影片的動作。不過在列印前還得設定格式、色彩模式、順序…等列印選項, 一一確認後, 才不會浪費紙張及等待列印的時間。

預覽列印

首先我們要預覽看看投影片的列印效果。請接續範例檔案 Ch17-01 的練習, 先切換至**檔案**頁次再按下左側的**列印**項目:

按下此鈕可列印　　　　　　　　　　　　由此預覽列印的結果

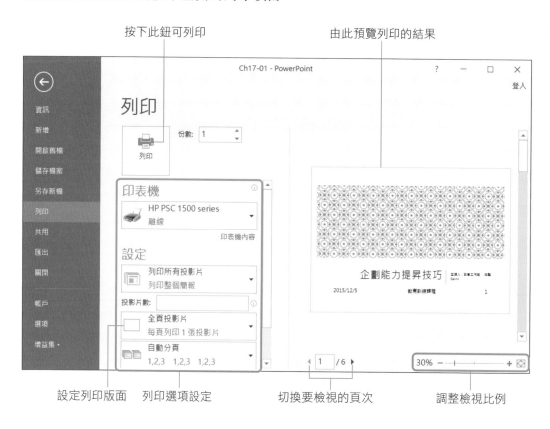

設定列印版面　列印選項設定　　　切換要檢視的頁次　　調整檢視比例

投影片的列印版面有**全頁投影片**、**備忘稿**、**大綱**和**講義** 4 種, 你可以視需求來選擇。這一節以**全頁投影片**為例, 下一節再為您說明列印**備忘稿**、**大綱**及**講義**的方法。

指定要列印的頁數

當簡報的頁數很多，而目前只要列印部份頁面；或是列印的過程中，有幾頁印壞了，都可以指定列印範圍，而不需整份重印。

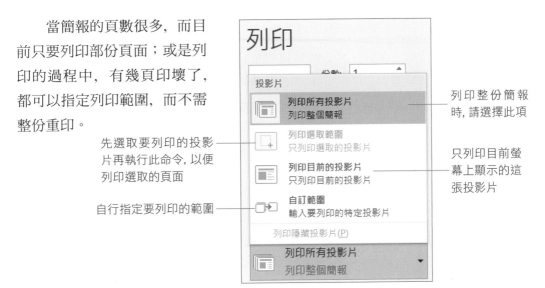

先選取要列印的投影片再執行此命令，以便列印選取的頁面

自行指定要列印的範圍

列印整份簡報時，請選擇此項

只列印目前螢幕上顯示的這張投影片

若要指定列印的範圍，請直接在**投影片數**欄輸入要列印的投影片編號，不連續頁數請以逗點 "," 區隔，例如要列印 2、5、6 頁，就可以如圖設定：

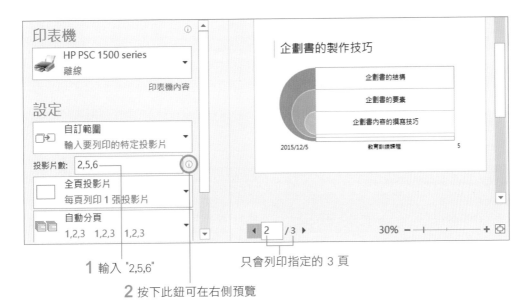

1 輸入 "2,5,6"

2 按下此鈕可在右側預覽

只會列印指定的 3 頁

列印連續頁數時，可用 "-" 相連，例如要列印第 4 到第 6 頁，可輸入 "4-6"；萬一要加印第 2 頁，則可設定為 "2,4-6"。

設定要印成彩色或黑白投影片

按下**彩色**鈕可設定要將投影片印成彩色、黑白或灰階。例如需要列印多份，又想節省墨水時，可選擇最清晰、不列印背景圖片的**純粹黑白**模式；如果覺得**純粹黑白**模式不夠精緻的話，則可選擇將色彩轉換成不同濃淡灰色的**灰階**模式。

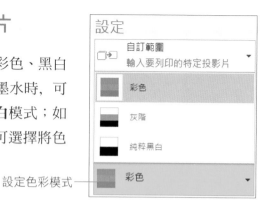

設定色彩模式

▲ **彩色**模式

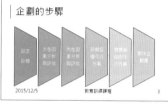

▲ **灰階**模式

▲ **純粹黑白**模式

 如果已在上一節設定了灰階或黑白的效果, 此處也會套用當時設定的效果來列印。

設定列印的份數

完成所有的列印設定之後可以進行列印了。不過，假如需要列印多份，建議您可以先列印一份，確定內容、設定都沒有問題之後，再列印多份。

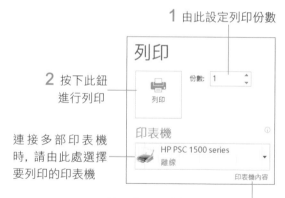

1 由此設定列印份數

2 按下此鈕進行列印

連接多部印表機時, 請由此處選擇要列印的印表機

按下此項可進行印表機相關設定, 例如使用的紙張、列印品質等

若要列印一份以上，還可以設定是否啟動**自動分頁**功能。**未自動分頁**是印完所有份數的第 1 頁，再列印所有份數的第 2 頁；**自動分頁**的列印順序則是印完一份完整的簡報，再接續列印下一份，省去手動分頁的麻煩，全部都設定好再按下**列印**鈕，就可以將投影片列印出來了。

17-5 列印備忘稿、講義及大綱

在設定列印項目時, 我們曾提及可以將簡報列印成全頁投影片、備忘稿、大綱和講義 4 種, 現在我們再來看看要如何製作備忘稿、講義與大綱。

請同樣利用範例檔案 Ch17-01 來練習, 首先切換至**檔案**頁次再按下**列印**項目, 由其中選擇要列印的版面:

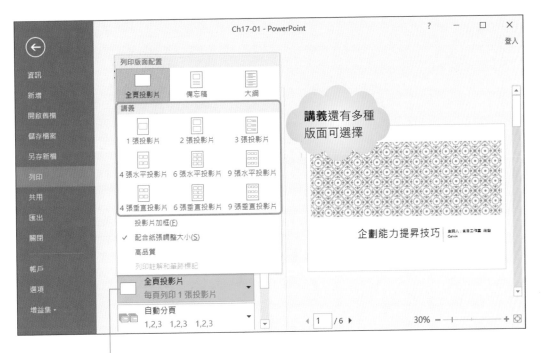

按下此鈕選擇要列印的版面

製作含有備忘稿的參考文件

PowerPoint 會為每張投影片搭配一張備忘稿, 供簡報者記錄各張投影片的備忘資料。要輸入備忘稿的內容, 可切換至**檢視**頁次, 按下**簡報檢視**區的**備忘稿**鈕, 便會出現可輸入備忘稿的區域:

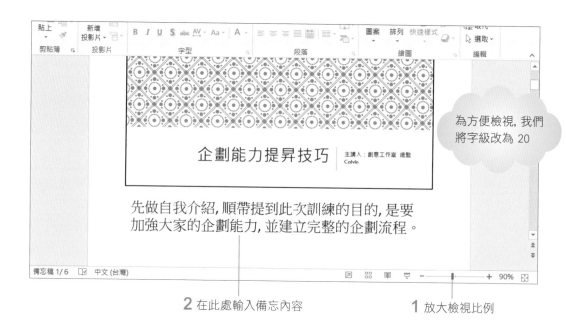

為方便檢視, 我們將字級改為 20

2 在此處輸入備忘內容　　　　**1** 放大檢視比例

　　輸入備忘內容後, 只要在列印時選擇列印成**備忘稿**, 就可以同時列印出投影片和備忘稿內容, 這份書面文件可以做為自己簡報時的重要提醒。

製作具簡報大綱的書面資料

　　我們還可以為聽眾準備只有簡報大綱的書面資料, 讓聽眾不但能掌握整場簡報的重點, 也更能專注於聽講。請如上所述, 在**檔案/列印**頁次, 選擇**大綱**版面, 即可建立如右的大綱文件:

1 　**企劃能力提昇技巧**
　　　主講人:創意工作室 總監 Calvin

2 　**企劃的基本認識**
　　　企劃的功能及重要性
　　　企劃的目的與類型
　　　企劃的條件
　　　企劃成功的因素
　　　企劃人的特質

3 　**企劃的步驟**

4 　**企劃相關的輔助工具**
　 1 ●價值分析法
　　　●線型規劃法
　　　●損益平衡點分析法
　　　●成本效果分析法
　　　●現值法
　　　●要因分析法
　 2 ●腦力激盪法

為聽眾準備簡報講義

講義是簡報者提供給觀眾聽取簡報時的補充資料，或留作日後參考的書面文件。列印講義時，還可以選擇多種不同的版面，及每一頁講義包含的投影片張數：

從此類別選擇版面

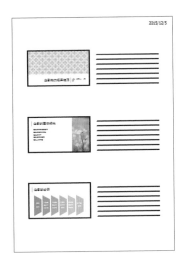

▲ 套用 **3** 張投影片

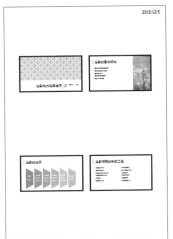

▲ 套用 **4** 張水平投影片

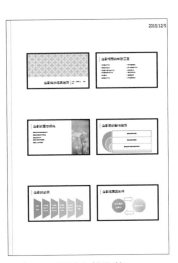

▲ 套用 **6** 張垂直投影片

　　其中 "水平" 和 "垂直" 是指投影片的排列方式，請看如右的示意圖您就會明白了：

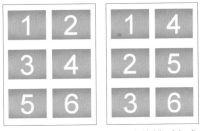

▲ 水平的排列方式　　▲ 垂直的排列方式

設定講義、備忘稿與大綱的列印方向

設定要列印出講義、備忘稿或大綱的書面資料後，還可以視需要將文件列印成直式或橫式：

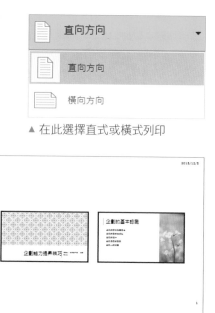

▲ 在此選擇直式或橫式列印

▲ 講義：2 張投影片；直式列印　　　▲ 講義：2 張投影片；橫式列印

設定備忘稿、講義及大綱的頁首、頁尾

列印備忘稿、講義及大綱時，若要在文件的上、下空白位置加入檔案資訊、變更日期格式等，請按下**設定**區最下方的**編輯頁首和頁尾**選項，開啟**頁首及頁尾**交談窗來設定：

1 輸入各項資訊

此交談窗多了**頁首**資訊欄位可設定

2 按下**全部套用**鈕

17-6 將簡報轉換到 Word 編排成講義

我們還可以把投影片轉換成 Word 文件, 然後編排成您想要的版面, 再進行列印。例如在 PowerPoint 中列印時, 每頁只能列印 1 張投影片的備忘稿, 若想要一次列印多頁的備忘稿, 就可以轉換到 Word 進行版面配置後再列印。

建立講義文件

請開啟想要編排成講義的簡報檔案, 或以範例檔案 Ch17-01 來練習。先切換到**檔案**頁次, 再按下**匯出**項目:

1 選擇此項

2 按下**建立講義**鈕

可由此區選擇要轉換成哪一種 Word 版面配置

此區可設定投影片轉入 Word 時是否要建立連結 (參考 17-24 頁的說明)

設定投影片轉成 Word 文件的版面配置

在轉換成 Word 文件時，共有 5 種版面配置可選擇，我們說明如下：

● **備忘稿位於投影片右方**：每頁有 3 張投影片，且會將備忘稿置於投影片的右側。

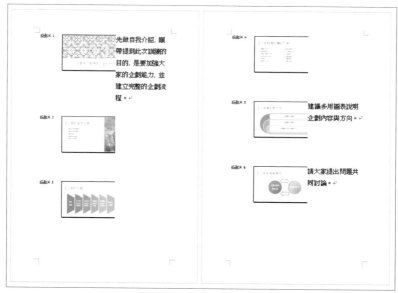

▲ 在 Word 同時檢視第 1、2 頁文件的內容

● **空白線位於投影片右方**：每頁有 3 張投影片，版面與 PowerPoint 中**講義/ 3 張投影片**相同。

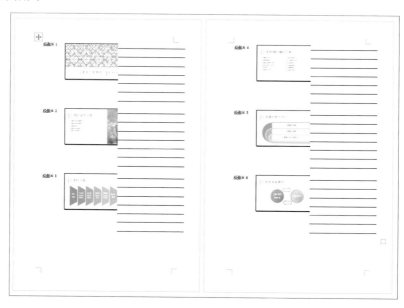

● **備忘稿位於投影片下方**：每頁只有 1 張投影片，備忘稿會顯示在投影片下方。

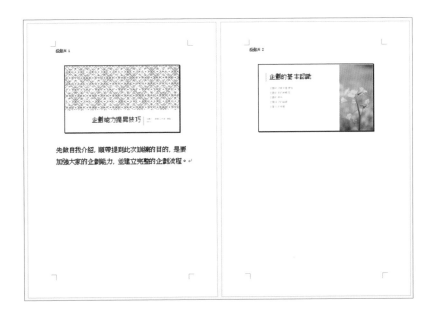

● **空白線位於投影片下方**：每頁只有 1 張投影片，下方則有大範圍的空白線，方便聽眾寫筆記。

● 只有大綱：可直接在 Word 編輯簡報的大綱及內容，且原本投影片中所有條列項目的層次及格式都會保留到 Word 中。

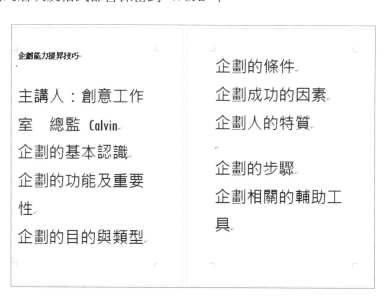

讓 Word 文件自動隨簡報內容更新

　　在**傳送到 Microsoft Word** 交談窗的下方，可選擇將投影片的內容以**貼上**或**貼上連結**的方式傳送到 Word。若將投影片內容與轉換後的 Word 文件建立連結(選擇**貼上連結**項目)，則當您在 PowerPoint 中變更過簡報檔案的內容，下次開啟該份 Word 文件時，就會自動抓取 PowerPoint 檔案的內容，自動更新 Word 文件。

　　而若是選擇**貼上**，則是將投影片內容內嵌到 Word 文件中，但不會與簡報檔案建立連結，因此日後修改了簡報內容，必需自行更新 Word 文件。

　　您可以善用上述的設定，在 Word 和 PowerPoint 之間相互轉換編輯，將投影片製作成符合實際需求的講義。

利用「講義母片」、「備忘稿母片」調整講義、備忘稿的格式

簡報的**講義、備忘稿**, 也可以在文件的上、下位置加入簡報主題、日期等資訊, 要變化此處的格式, 可透過**講義母片**及**備忘稿母片**來達成。請切換到**檢視**頁次:

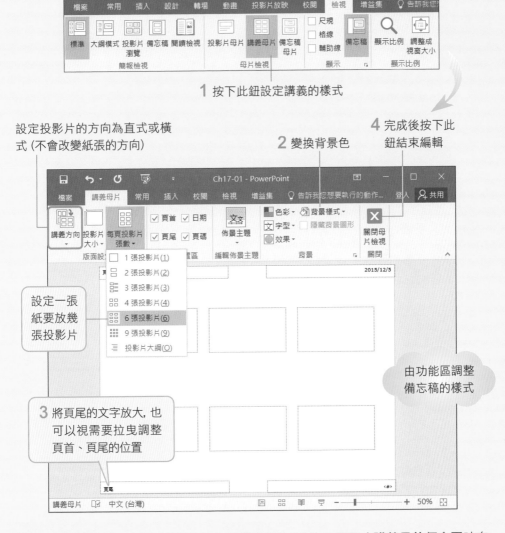

1 按下此鈕設定講義的樣式

設定投影片的方向為直式或橫式 (不會改變紙張的方向)

2 變換背景色

4 完成後按下此鈕結束編輯

設定一張紙要放幾張投影片

3 將頁尾的文字放大, 也可以視需要拉曳調整頁首、頁尾的位置

由功能區調整備忘稿的樣式

講義和**大綱**雖然長得不像, 但同樣是套用**講義母片**, 因此只要更改**講義母片**便會同時套用到**講義**和**大綱**上。

CHAPTER

18

簡報的轉存與
設定保護密碼

這一章要介紹實用的簡報應用, 包括為簡報建
立超連結、將簡報儲存成播放檔、轉存成影
片等 ; 若要將數張相片建立成投影片播放, 我
們還會介紹建立相簿簡報的技巧, 幫助您快速
建立能展示相片, 又具自動播放效果的簡報。

- 在投影片上插入超連結
- 將簡報儲存為開啟即直接放映的播放檔
- 將簡報轉存為影片檔
- 將簡報轉存成 PDF 檔
- 建立相簿簡報
- 設定簡報的完稿狀態與保護密碼

18-1 在投影片上插入超連結

在網頁中按下超連結文字或圖片, 就可以讓我們快速地切換到想要檢視的其它網頁。在 PowerPoint 中也可以善用超連結, 讓文字或圖片連結到網頁、其它張投影片、電腦中的檔案或電子郵件。

建立超連結開啟網頁

請開啟範例檔案 Ch18-01, 並切換至第 2 張投影片, 我們來學習在投影片中建立連至網頁的超連結。

STEP 01 首先選定要插入超連結的文字, 假設我們希望按下 "旗標網站" 就可以開啟瀏覽器, 並連到旗標網站:

> ➢ 活動詳情請參閱旗標網站 ——— 選取要建立超連結的文字
> ➢ 活動專員：service@flag.com.tw

STEP 02 切換到**插入**頁次, 按下**連結**區的**超連結**鈕 (或在選取的文字上按右鈕, 執行『**超連結**』命令), 開啟**插入超連結**交談窗:

1 選擇此項

3 按下此鈕輸入當指標停留在超連結上時所顯示的文字

2 輸入要連結的位置, 例如**旗標**的網址 "http://www.flag.com.tw"

4 輸入提示文字

5 按**確定**鈕回到上一交談窗, 再按下**確定**鈕關閉交談窗

STEP 03 完成超連結的設定之後，我們再來看看插入超連結的效果如何，請將簡報切換到**投影片放映**模式：

> ➤ 活動詳情請參閱<u>旗標網站</u>
> ➤ 活動專員：service@tlag.com.tw

連結至旗標網站

指標移至超連結文字上，會顯示小手指標及提示文字

設定超連結文字格式

為文字設定超連結之後，超連結的文字會自動套用佈景主題的配色。如果想要變更超連結文字的顏色，請切換至**設計**頁次，按下**變化**區的 ▾ 鈕執行『**色彩**』命令，點選下方的『**自訂色彩**』：

由此更改超連結的文字顏色

建立超連結開啟電腦中的檔案

如果要在投影片中，設定按下某文字或圖片就開啟電腦中的檔案，以便對照說明，例如按下第 3 張投影片的書籍封面，就開啟內頁預覽的圖片檔案。請選取第 3 張投影片的圖片，再切換到**插入**頁次，按下**連結**區的**超連結**鈕，開啟**插入超連結**交談窗，進行以下設定：

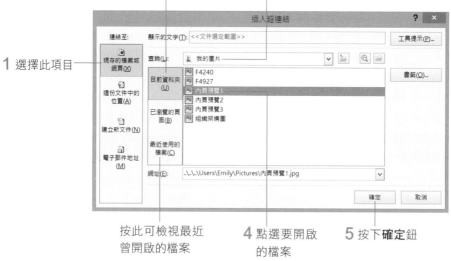

2 選擇此項檢視資料夾　　3 切換到檔案所在的資料夾

1 選擇此項目

按此可檢視最近　　4 點選要開啟　　5 按下**確定**鈕
曾開啟的檔案　　　　的檔案

完成後請播放投影片，按下第 3 張的圖片超連結，就會開啟瀏覽器顯示圖片了。

建立超連結切換至其它投影片

另一個常見的超連結應用，則是在播放投影片時，需要參照其它投影片的內容，就可以設定超連結切換到該頁次，例如我們希望按下第 2 張投影片的書名，就連結到相關的投影片。請選擇要設定的文字例如「MINI COCOTTES」...，依相同的步驟開啟**插入超連結**交談窗，如下列步驟操作：

1 切換到此項目

2 點選要連結的投影片標題　　可在此預覽要連結的投影片

按下**確定**鈕就設定完成。播放簡報時，按下超連結就會切換到該張投影片了。

建立超連結寄送電子郵件

若簡報要傳送給相關人員, 或是要與朋友分享, 我們還可以在其中設定超連結, 讓大家點選超連結就自動開啟郵件編輯軟體, 立即將自己的疑問、感想寄給簡報者。請選擇第 2 張投影片的 E-mail 信箱, 用相同的步驟開啟**插入超連結**交談窗, 依下列步驟操作:

2 輸入收件人的電子郵件地址

3 輸入郵件主旨

1 選此項

設定完成後請按下**確定**鈕。日後點選該連結時, 便會啟動電子郵件編輯軟體, 並自動填入主旨, 只要撰寫內容就可以傳送給指定的收件人。

修改或移除超連結

想要修改超連結的設定, 或是想把用不到的超連結移除, 請先選定已設定超連結的文字或圖片, 然後按右鈕透過快顯功能表來完成:

1 執行此命令開啟**編輯超連結**交談窗,修改超連結的設定

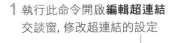

執行此命令可移除超連結

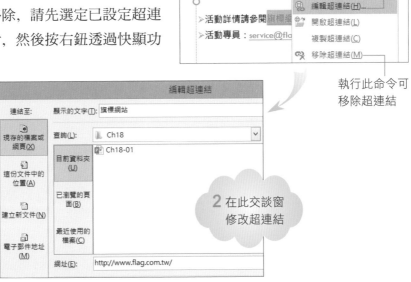

2 在此交談窗修改超連結

18-2 將簡報儲存為開啟即直接放映的播放檔

當你要將簡報分享給其他人, 或是希望開啟檔案就能進行播放, 都可以將檔案另存為播放檔。播放檔的特色, 就是雙按檔案即可進行播放, 萬一電腦中尚未安裝 PowerPoint, 還可以直接下載、安裝免費的 PowerPoint Viewer 來播放。

繼續以範例檔案 Ch18-01 來說明。請切換至**檔案**頁次, 按下**匯出**項目, 再按下中央的**變更檔案類型**鈕:

接著會開啟**另存新檔**交談窗, 請直接為簡報命名並進行儲存。日後雙按簡報檔案圖示, 將會直接進入簡報放映模式。

將簡報儲存為播放檔後, 若需要拿到沒有安裝 PowerPoint 的電腦播放, 可先從網路下載免費的 PowerPoint Viewer, 安裝完即可利用 Viewer 來放映簡報。欲下載 PowerPoint Viewer, 請先連上**台灣微軟**網站, 在其首頁以 "PowerPoint Viewer" 為關鍵字進行搜尋, 即可找到相關的下載資訊, 請依網站說明下載、安裝。

將簡報轉存為影片檔

若簡報需要拿到展示會場上播放, 我們可以將簡報轉存成影片格式, 只要電腦已安裝可播放影片的軟體 (例如 Windows 內建的 Media Player) 就能播放簡報, 不用擔心是否已安裝 PowerPoint, 或是檔案格式是否支援等問題。

轉存簡報為影片檔, 同樣由**檔案**頁次來進行設定。以下繼續利用範例檔案 Ch18-01 來練習。

STEP 01 先切換到**檔案**頁次按下**匯出**項目, 這裡我們以將簡報 (*.pptx) 轉換成視訊檔案格式 (*.mp4) 為例來說明:

2 設定要轉存的畫面尺寸

1 按下**建立視訊**鈕

4 設定好之後按下此鈕

3 設定每張投影片播放的秒數

若已錄製旁白, 可選擇要使用預錄的時間與旁白

STEP 02 接著設定視訊檔案儲存的位置及檔案名稱, 設定好後按下**儲存**鈕:

STEP 03 回到 PowerPoint 主視窗就會開始進行轉換, 不過轉換檔案需要一點時間, 請耐心等待, 且簡報頁數愈多, 需要的時間會愈長。我們可以由**狀態列**看到目前的轉換進度:

在轉存的過程中, 可繼續使用電腦

轉換好的檔案, 會儲存在指定的資料夾中, 你可以在影片播放軟體放映看看。右圖是在 Windows 8 的播放結果:

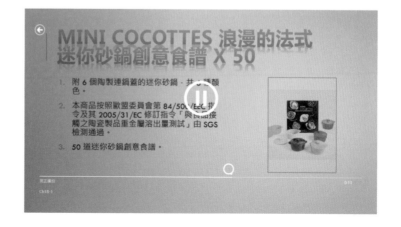

轉存成影片格式後, 簡報上的超連結將無法發揮作用;但換頁特效、物件動畫則仍會保留。

18-4 將簡報轉存成 PDF 檔

我們還可以將簡報轉存成 PDF 檔, 不但能確保簡報內容不被修改, 播放時還能視情況放大、縮小, 若是需要透過平板電腦或智慧型手機來播放, 也只要安裝可讀 PDF 的 APP 就能輕鬆播放了。

以下就利用範例檔案 Ch18-01 來說明將簡報轉存成 PDF 的操作。先切換到**檔案**頁次按下**匯出**項目, 再如圖設定:

1 選取此項

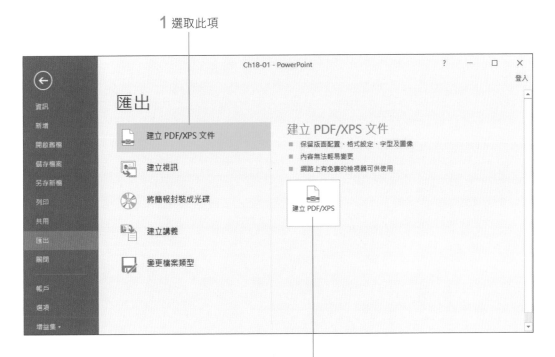

2 按下**建立 PDF/XPS** 鈕

3 設定要儲存檔案的資料夾

4 輸入檔案名稱

5 按下**發佈**鈕

　　接著就會開始轉換, 完成時會自動開啟 PDF 檔 (建議先安裝可讀取 PDF 的軟體, 例如 Adobe Reader)。

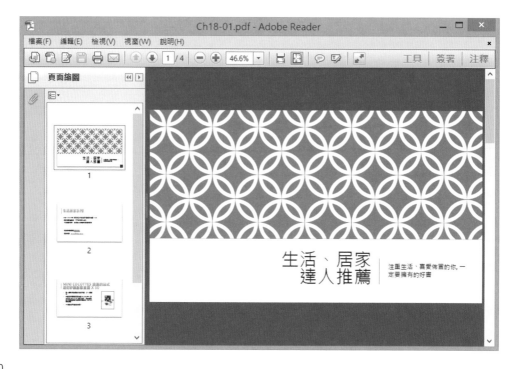

18-5 建立相簿簡報

只要運用 PowerPoint 自動放映的特性, 就能做出動態的 PowerPoint 相簿, 例如旅遊風景、建築巡禮、婚紗寫真等相片展示, 比起自己一張張的點選、開啟相片, 更來得有趣。

將相片加入相簿簡報

請先準備好要製作成相簿簡報的相片檔, 然後跟著下列步驟製作。

STEP 01 在 PowerPoint 製作的相簿時, 會自動建立一個新簡報檔, 所以不用先建立新檔案, 請直接切換到**插入**頁次, 如下開啟**相簿**交談窗。

1 按下**圖像**區的**相簿**鈕

2 按下此鈕

3 切換到儲存
相片的位置

4 選取相片, 可配
合 Ctrl 、 Shift 鍵
選取多個檔案,
或按下 Ctrl ＋
A 鍵選取全部

5 按下**插入**鈕

STEP
02 接下來再設定相簿投影片的配置、外框等選項:

可在此預覽相片

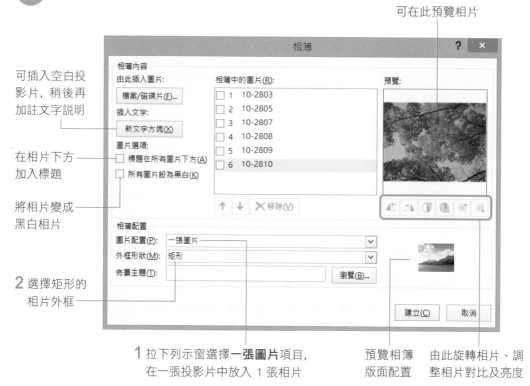

可插入空白投
影片, 稍後再
加註文字説明

在相片下方
加入標題

將相片變成
黑白相片

2 選擇矩形的
相片外框

1 拉下列示窗選擇**一張圖片**項目,
在一張投影片中放入 1 張相片

預覽相簿
版面配置

由此旋轉相片、調
整相片對比及亮度

STEP 03 按下**建立**鈕建立相簿，之後新增、修改文字等操作，都與一般投影片相同，例如再切換到**設計**頁次，為投影片套用一個喜歡的佈景主題。

  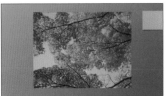

▲ 依主題編輯相簿封面

STEP 04 接著可以輸入各張照片的標題和說明文字。如果想要讓簡報能自動播放，請切換至**轉場**頁次，在**預存時間**區設定每張投影片要播放的時間，再切換到**投影片放映**頁次，按下**設定**區的**設定投影片放映**鈕，將**放映類型**設定為**在資訊站瀏覽**。

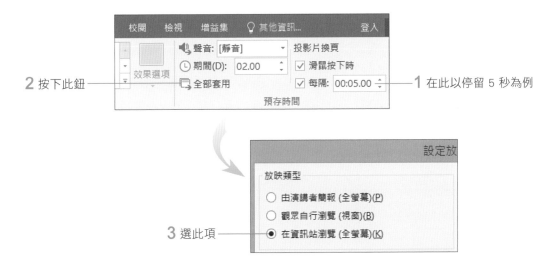

修改相簿格式

相簿建立之後，如果要變更相簿的版面配置、修飾相片或是插入新的相片，請再切換到**插入**頁次，按下**圖像**區**相簿**的下方按鈕，執行『**編輯相簿**』命令，就會開啟**編輯相簿**交談窗讓你設定選項，更改相簿內容或版面後，請按下**重新整理**鈕套用設定。

18-6 設定簡報的完稿狀態與保護密碼

為了避免檔案被非相關人士任意地開啟或修改, 我們可以在存檔時設定密碼來保護檔案。例如需要輸入密碼才能開啟檔案；或是任何人皆可開啟檔案, 要修改簡報內容時, 才需要輸入正確的密碼, 你也可以視情況兩種密碼都設定。

將簡報檔案標示為「完稿」

有時候簡報的製作過程必須經過好幾次的修改, 就算在檔案標註文字說明、完成日期, 自己也常搞不清楚到底哪一個檔案才是最後定案的版本, 更別說是大家共同作業的簡報了。

PowerPoint 提供了一項貼心的功能, 可幫我們標示出簡報的最終版本, 預設還會隱藏所有的編輯功能, 能避免自己或他人不慎對定案的簡報又做了修改。假設範例檔案 Ch18-01 就是最後完成的簡報, 請將其開啟後, 再切換至**檔案**頁次並按下**資訊**項目：

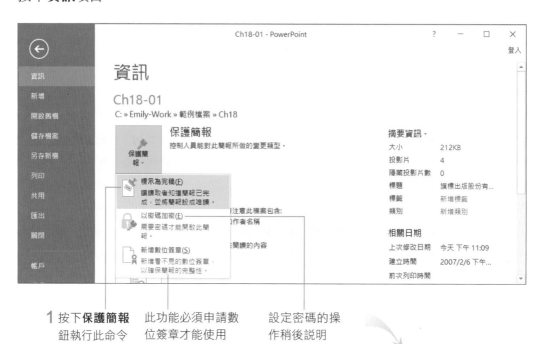

1 按下**保護簡報**鈕執行此命令

此功能必須申請數位簽章才能使用

設定密碼的操作稍後說明

2 按下**確定**鈕

3 再按下**確定**鈕

回到 PowerPoint 編輯狀態，就會發現功能區被隱藏起來了，檔案名稱上也會標示 "[唯讀]" 提醒使用者：

不過，**標示為完稿**的作用，只是希望能在修改前提醒自己 "這已經是最終的版本，你確定要修改嗎？"，如果真要修改，只要按下上方黃色的**繼續編輯**鈕，就能像一般簡報正常編輯了。可說是 "只防君子，不防小人" 的保護方式，甚至根本沒有保護的作用，若真要讓檔案得到保護，請為簡報設定保護密碼 (稍後說明)。

若再切換到**檔案**頁次，就會看到已標示完稿，防止編輯的提醒：

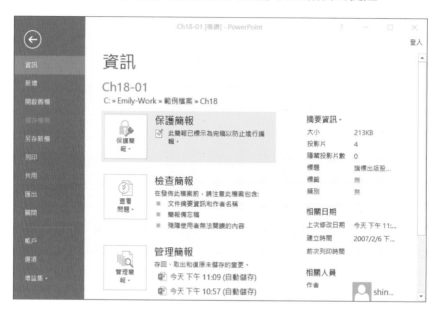

設定簡報的保護密碼

接著再說明如何設定簡報的保護密碼。請以範例檔案 Ch18-01 為例，請切換至**檔案**頁次再點選**資訊**項目：

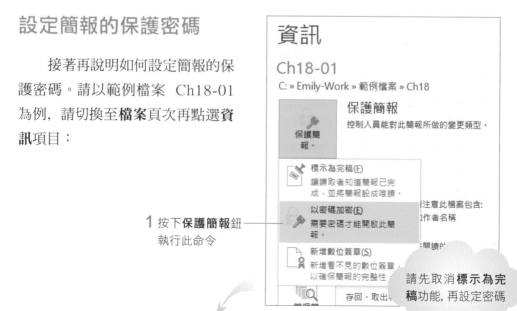

1 按下**保護簡報**鈕執行此命令

請先取消**標示為完稿**功能，再設定密碼

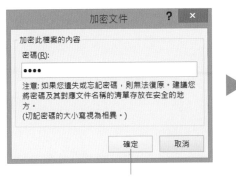 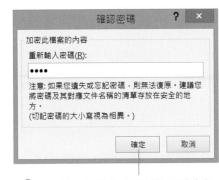

2 輸入開啟簡報的密碼, 再按下**確定**鈕　　　　**3** 再次輸入相同的密碼並按下**確定**鈕

設定好之後, 請務必再儲存一次檔案。日後開啟檔案前, 會出現如圖的**密碼**交談窗, 必須輸入正確的密碼才能開啟檔案:

若之後不需以密碼保護簡報了, 請切換到**檔案/資訊**頁次, 再按下**保護簡報**鈕執行『**以密碼加密**』命令, 將**加密文件**中的**密碼**欄清空, 並儲存簡報檔案, 下次開啟檔案就不需要密碼了。

設定簡報只能瀏覽不可修改

另一種情況, 則是允許開啟簡報來瀏覽, 但只有知道密碼的人才能修改內容, 這時我們可以為簡報設定**防寫密碼**, 請切換到**檔案**頁次, 按下**另存新檔**項目後按下**瀏覽**命令, 設定好儲存位置接著再如下操作:

1 按下**工具**鈕的向下箭頭, 執行此命令

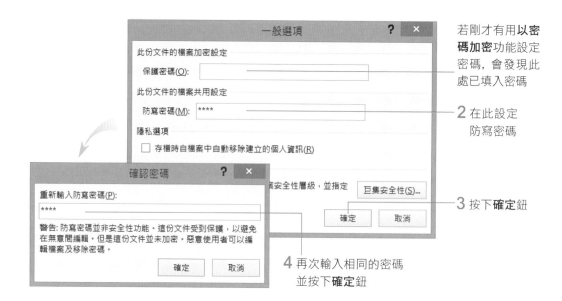

若剛才有用**以密碼加密**功能設定密碼, 會發現此處已填入密碼

2 在此設定防寫密碼

3 按下**確定**鈕

4 再次輸入相同的密碼並按下**確定**鈕

　　密碼設定好之後, 回到**另存新檔**交談窗按下**儲存**鈕, 將檔案儲存起來。以後開啟檔案時, 會先出現**密碼**交談窗讓使用者輸入密碼:

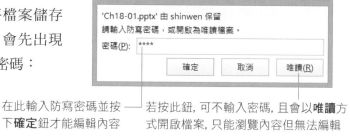

在此輸入防寫密碼並按下**確定**鈕才能編輯內容

若按此鈕, 可不輸入密碼, 且會以**唯讀**方式開啟檔案, 只能瀏覽內容但無法編輯

　　如果想要取消防寫密碼, 必須先輸入正確的密碼並開啟檔案, 再於**另存新檔**交談窗的**工具**鈕開啟**一般選項**交談窗, 將之前設定的密碼刪除再重新存檔。

1 將原本的密碼刪除

2 按下**確定**鈕並重新存檔即可移除密碼

在雲端免費使用 PowerPoint Online 編輯、放映簡報

將簡報帶至它處發表時，最怕到了現場才知道電腦沒有安裝 PowerPoint、電腦內的 PowerPoint 不能開啟 *.pptx 的檔案，若簡報內容需要修正，真的會讓人急得跳腳。只要懂得善用 PowerPoint Online, 就可以在網路上直接編輯、放映儲存在雲端的簡報了。

- PowerPoint Online 有哪些功能
- 將檔案儲存至 OneDrive 網路空間
- 在 PowerPoint Online 編輯、放映簡報
- 與他人共享網路上的簡報

19-1 PowerPoint Online 有哪些功能

在開始使用 PowerPoint Online 之前, 我們先花一點時間來看看 PowerPoint Online 有哪些功能, 能幫我們完成什麼樣的編輯工作, 稍後再帶您實際上傳檔案、編輯及播放簡報。

PowerPoint Online 是**微軟**提供的網路版 PowerPoint, 其功能與操作界面, 比一般安裝在電腦裡的 PowerPoint 精簡些, 如下圖所示:

按下此鈕可將檔案開啟在
電腦中的 PowerPoint 編輯

▲ PowerPoint Online

● **檔案**：按下**檔案**頁次標籤會開啟功能表, 提供另存新檔、列印, 或關閉檔案等功能。

▲ **檔案**頁次

● **常用**：提供新增、刪除投影片, 及與文字相關的格式設定、字型選擇及段落對齊設定, 還可以繪製圖形。

▲ **常用**頁次

● 插入：在此頁次可插入圖片、SmartArt 圖表及超連結等。若選取投影片上的圖片，還會自動顯示**繪圖工具/格式**頁次，方便我們設定圖形的樣式、外框等：

▲ 插入頁次

▲ 選取圖形時會顯示**繪圖工具/格式**頁次

● 設計：可為簡報套用佈景主題，或變更配色。

▲ 設計頁次

● **轉場**：設定投影片與投影片間的切換效果。

▲ **轉場**頁次

● **動畫**：設定簡報上標題、文字、圖片等物件的動畫效果。

▲ **動畫**頁次

● **檢視**：切換至不同的檢視模式來編輯內容或放映簡報。

▲ **檢視**頁次

19-2 將檔案儲存至 OneDrive 網路空間

要在網路上放映或編輯之前做好的簡報，得先將簡報檔案上傳到網路空間，而在 PowerPoint 2016 要上傳檔案到 OneDrive，其操作非常容易，一起來看看吧！

OneDrive 是**微軟**提供給使用者的免費雲端服務，只要登入 Microsoft 帳戶就可以使用，例如你可以在家裡上傳做好的簡報檔案到 OneDrive 網路空間，到公司後再透過電腦、平板電腦或是智慧型手機等設備開啟其中的檔案，就能免去傳送檔案、攜帶隨身碟的麻煩了。

想將簡報儲存一份到網路空間，那麼直接在 PowerPoint 中儲存到 OneDrive 是最方便的方法。請開啟欲上傳的檔案，或開啟本章資料夾下的範例檔案 Ch19-01 來練習。

STEP 01 切換到**檔案**頁次，再按下**另存新檔**項目，Office 已貼心的將 OneDrive 儲存捷徑建立在其中，我們只要完成登入的步驟，即可輕鬆上傳檔案。

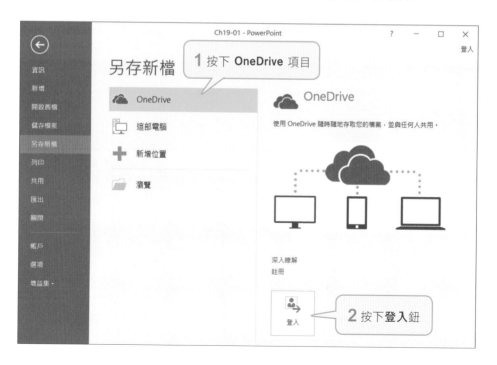

STEP 02 登入 Microsoft 帳戶，這是一組電子郵件帳號，只要你曾申請過 Hotmail、Outlook.com、Xbox LIVE 等**微軟**提供的服務，或已擁有 Windows Live ID，就表示你已擁有 Microsoft 帳戶，直接登入就可以了。如果忘了帳號、不清楚有沒有申請過，也可以依網頁說明重新申請一個即可使用。

1 輸入 Microsoft 帳戶

2 按**下一步**鈕

如果要建立新帳戶，同樣要輸入電子郵件或電話號碼再按**下一步**鈕

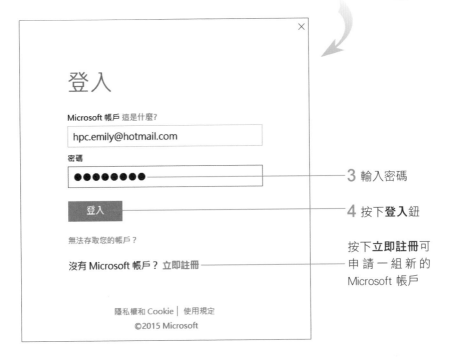

3 輸入密碼

4 按下**登入**鈕

按下**立即註冊**可申請一組新的 Microsoft 帳戶

STEP 03 完成登入後就可以上傳檔案了。

1 這裡會顯示 Microsoft 帳戶
的名稱, 按一下表示選取

這裡也會顯示帳戶資訊

目前儲存的位置是網路空間

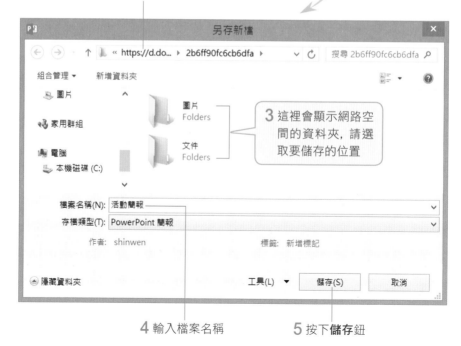

4 輸入檔案名稱　　　5 按下**儲存**鈕

STEP 04 接著會自動回到 PowerPoint 編輯狀態, 並在狀態列顯示上傳進度。

檔案正在上傳中, 上傳完成此訊息會自動消失

登出 Microsoft 帳戶

一旦登入了 Microsoft 帳戶, 下次開啟 Office 的任一套軟體都會以此帳戶自動登入。萬一您不是在自己的電腦上傳檔案, 請務必在上傳之後登出自己的 Microsoft 帳戶。登出時請切換到**檔案**頁次, 再按下左側的**帳戶**項目:

按下此鈕可登出帳戶, 下次再開啟時就不會自動連線了

19-3 在 PowerPoint Online 編輯、放映簡報

馬上來試試剛才儲存的簡報是不是能在網路上開啟、使用 PowerPoint Online 來編輯。如果您是第一次使用此功能, 也建議您先在自己的電腦上測試一次, 到了簡報現場才能更從容的操作、編輯。

在 PowerPoint Online 開啟簡報

假設您已經如上一節所述, 將檔案上傳至網路空間了, 以下來練習如何開啟 OneDrive 網路空間中的檔案。

STEP 01 請開啟瀏覽器, 在**網址列**輸入 OneDrive 的網址 "https://onedrive.live.com/", 並登入 Microsoft 帳戶。

4 輸入密碼後按下**登入**鈕

完成登入後, 就會看到此 Microsoft 帳戶的 OneDrive 內容:

按下此鈕可上傳檔案

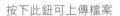

已上傳到其中的檔案

OneDrive 免費提供 15 GB 空間,
目前還剩下的空間會顯示在這裡

1 按一下要開啟的檔案

如果這不是您的電腦, 上傳、編輯或放映完簡報, 請
務必按下**登出**鈕, 避免帳戶內的檔案被任意瀏覽

2 按下**編輯簡報**, 再選擇此項
由 **PowerPoint Online** 開啟

按下此鈕可放映簡報, 其放映
操作與在 PowerPoint 相同

STEP 03 將簡報開啟在 PowerPoint Online, 就可以開始編輯了, 編輯完成會自動儲存
檔案, 也可以切換到**檔案**頁次執行『**另存新檔**』命令來儲存。

按下此鈕可關閉檔案

STEP 04 若要播放簡報，請切換到**檢視**頁次，按下**投影片放映**鈕，或按右下角的 🖵 鈕即可放映簡報。

放映完直接按下此鈕關閉視窗

▲ 簡報內容會填滿視窗，並自動將視窗最大化

回溯簡報的儲存版本

　　每次在 PowerPoint Online 編輯檔案後，就會自動儲存成一個版本，假設你在為 A 客戶做簡報前，將簡報檔案刪除了幾張不需要的投影片，會後想要回復剛才的刪除動作，可利用**版本歷程記錄**功能回復成原來完整的簡報檔。

　　請先關閉編輯簡報的索引標籤，回到 OneDrive 的檔案檢視畫面，然後將指標移至檔案圖示上，待出現右上角核取方塊時，再按一下方塊以選取檔案。

1 選取檔案

2 在檔案上按右鈕, 執行『版本歷程記錄』命令

目前版本
2015/12/9 下午 04:14 UTC
Emily Huang

舊版本
2015/12/9 下午 04:02 UTC
2015/12/9 下午 03:46 UTC
Emily Huang
還原
下載

3 點選要檢視的版本, 再選擇要還原或是下載檔案

19-4 與他人共享網路上的簡報

PowerPoint Online 除了方便自己可以隨時連上網路來編輯簡報, 更大的優點是可以讓朋友共同瀏覽、編輯簡報內容, 達到共享的目的。這一節就來看看 PowerPoint Online 如何與朋友分享檔案。

傳送檔案的連結給朋友

檔案上傳到 OneDrive 後, 就可以將檔案連結用 E-mail 傳送給朋友, 收到 mail 的朋友, 只要點按其中的連結就會自動開啟網頁。此外, 您也可以將檔案連結寄給自己, 到了目的地便可利用連結開啟簡報進行放映。

STEP 01 同樣請先登入 Microsoft 帳戶, 開啟如圖的 OneDrive 檔案大本營, 然後將指標移至要共享的檔案圖示, 再按右上角的核取方塊以選取檔案。

2 按下**共用**鈕

1 選取檔案

接著輸入共享的對象, 並編輯內容:

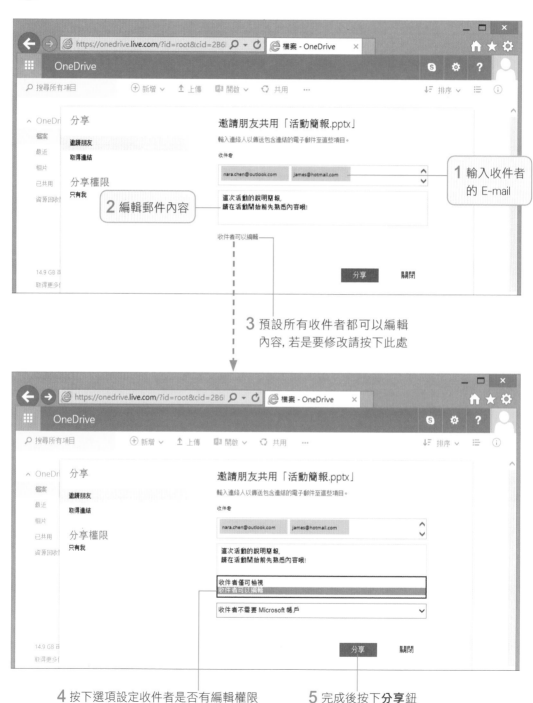

1 輸入收件者的 E-mail

2 編輯郵件內容

3 預設所有收件者都可以編輯內容, 若是要修改請按下此處

4 按下選項設定收件者是否有編輯權限

5 完成後按下**分享**鈕

STEP 03 完成後可再針對不同的收件者設定編輯權限。

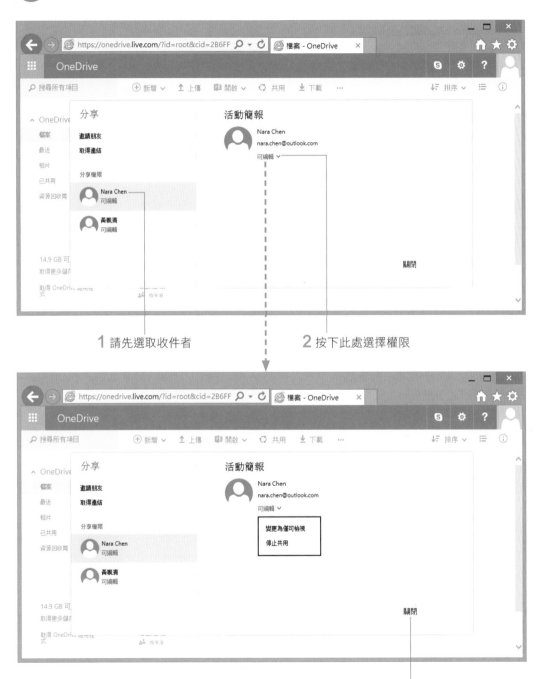

1 請先選取收件者　　　　　2 按下此處選擇權限

3 設定好按下**關閉**鈕

檢視共享的簡報檔案

再來看看如何從剛才傳送的 E-mail 來檢視檔案。請先開啟傳送過來的郵件：

2 按下**編輯簡報**就可以選擇要在 PowerPoint
或 PowerPoint Online 開啟編輯

APPENDIX

A

自訂習慣使用的
功能頁次及按鈕

在使用了 PowerPoint 一段時間後, 你可能會
覺得功能頁次有很多按鈕用不到、常要用的
某個按鈕老是忘記在哪裡…, 建議你可以參考
本附錄的說明, 自訂符合個人使用習慣的功能
頁次, 並將常用的按鈕都放入其中。

● 建立頁次標籤和群組、按鈕

● 調整頁次順序及移除按鈕、頁次

建立頁次標籤和群組、按鈕

假設我們想建立一個新品說明頁次, 再把製作產品說明簡報時, 最常用的按鈕都放在其中, 例如建立新簡報、插入圖片、插入圖表等功能, 以下就來看看如何進行設定吧!

先看一下稍後完成的功能頁次會具備哪些功能:

▶ 我們依簡報製作的工作流程分成**建立簡報、編輯內容、列印與播放** 3 個區塊, 並放入相關的功能按鈕

STEP 01 請在頁次名稱或功能區空白處按下滑鼠右鈕並如下操作:

1 執行『**自訂功能區**』命令開啟 ── **PowerPoint 選項**交談窗

會自動切換到**自訂功能區**頁次

2 按下此鈕建立頁次標籤

STEP 02
此時會建立一個新的頁次標籤, 其下還包括一個群組 (即功能區塊), 我們先將頁次重新命名為**新品說明**:

1 選取交談窗中的**新增索引標籤**項目

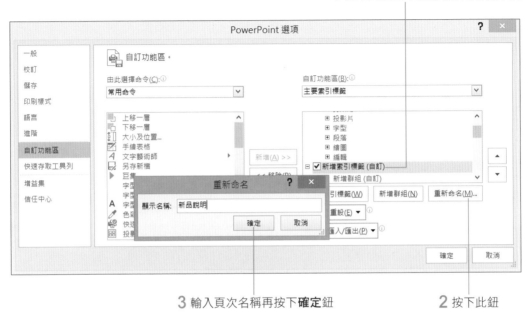

3 輸入頁次名稱再按下**確定**鈕

2 按下此鈕

STEP 03
接著選取窗格中的**新增群組**項目, 同樣按下**重新命名**鈕為群組命名:

此區可選擇當功能區範圍太小, 無法顯示全部按鈕時, 要以什麼圖示來表示此群組

例如此群組設定為笑臉圖示

輸入群組名稱再按下**確定**鈕

04 再來就可以選取要加入群組的命令了，假設要將**開新檔案**、**另存新檔**兩命令加入其中：

2 按下**新增**鈕

3 再加入**另存新檔**鈕

1 選取此命令

05 只要重複以上的步驟，就可以一一建立群組和其中的按鈕了：

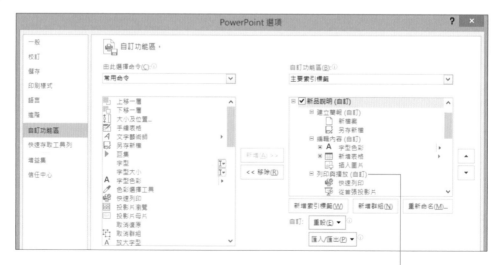

選取此處或最後一個命令再按下**新增群組**鈕，皆可建立新群組

設定好之後，請按下**確定**鈕回到編輯視窗，就會看到剛才建立的新頁次了。切換到該頁次，會看到其中的群組及按鈕：

▲ 將最常用到的命令全都集合在一起

A-2 調整頁次順序及 移除按鈕、頁次

如果想將自訂的頁次移到最前面或最後面、重新命名, 或是想重新選取按鈕、移除不再使用的命令等, 全都可以在 PowerPoint 選項/自訂功能區交談窗進行修改。若是不想再顯示此頁次了, 則可將它移除。

在建立頁次時, 頁次的位置是依您選取的頁次名稱而定, 預設是選定**常用**頁次, 所以按下**新增索引標籤**鈕, 新頁次會建立在**常用**頁次的右邊 (即第 3 個頁次)。如果想讓自訂頁次排在**檔案**的右邊, 請再次進入 **PowerPoint 選項/自訂功能區**交談窗, 並如下設定:

取消此項, 表示不顯示此頁次 (將頁次隱藏起來)

2 按下此鈕向上移動位置

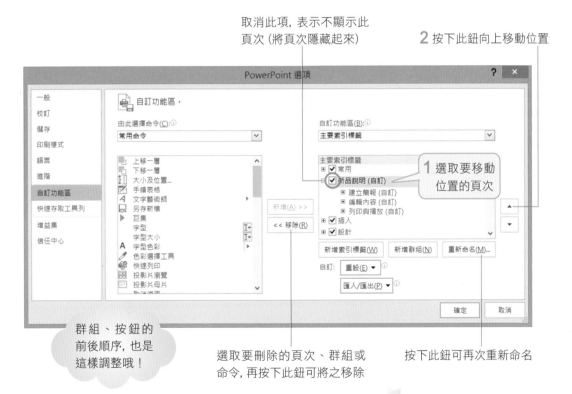

群組、按鈕的前後順序, 也是這樣調整哦!

選取要刪除的頁次、群組或命令, 再按下此鈕可將之移除

按下此鈕可再次重新命名

新品說明頁次移到常用之上了

按下**確定**鈕就會看到調整的結果了。不過自訂的頁次最多只能移動到**檔案**頁次的右邊，無法移動到第 1 順位哦！

　　若是要回復所有功能頁次及**快速存取**工具列的設定，請再次進入 **PowerPoint 選項/自訂功能區**交談窗，按下**重設**鈕執行『**重設所有自訂**』命令，即可回復至預設值。